CHOUSHUI XUNENG DIANZHAN TONGYONG SHEBEI

抽水蓄能电站通用设备

电 气 分 册

国网新源控股有限公司　组编

内容提要

为进一步提升抽水蓄能电站标准化建设水平，深入总结工程建设管理经验，提高工程建设质量和管理效益，国网新源控股有限公司组织有关研究机构、设计单位和专家，在充分调研、精心设计、反复论证的基础上，编制完成了《抽水蓄能电站通用设备》系列丛书，本丛书共7个分册。

本书为《电气分册》，是结合以往工程的运行维护经验和相应的反措要求编制而成，主要内容共分为12章，包括发电电动机、主变压器、GIS设备、高压电缆、离相封闭母线、发电机电压回路开关设备（包括发电机断路器、换相隔离开关、电制动开关、分支回路及起动母线隔离开关、分支回路开关柜等）、厂用电设备（包括厂用变压器、中低压开关柜、中低压母线等）、机械钥匙闭锁系统、限流电抗器、照明系统等。

本书为优选设备提供了技术支持，力求做到安全可靠，节能高效；技术先进，标准统一；质量优良，造价合理；努力做到可靠性、先进性、经济性和灵活性的协调统一。

本丛书适合抽水蓄能电站设计、建设、运维等有关技术人员阅读使用，其他相关人员可供参考。

图书在版编目（CIP）数据

抽水蓄能电站通用设备．电气分册 / 国网新源控股有限公司组编．—北京：中国电力出版社，2020.7（2023.1重印）
ISBN 978-7-5198-4126-3

Ⅰ．①抽… Ⅱ．①国… Ⅲ．①抽水蓄能水电站－电气设备 Ⅳ．① TV743

中国版本图书馆CIP数据核字（2020）第014524号

出版发行：中国电力出版社	印　　刷：三河市百盛印装有限公司
地　　址：北京市东城区北京站西街19号	版　　次：2020年7月第一版
邮政编码：100005	印　　次：2023年1月北京第二次印刷
网　　址：http://www.cepp.sgcc.com.cn	开　　本：787毫米×1092毫米 横16开本
责任编辑：孙建英（010-63412369） 李耀阳	印　　张：5.25　　　6插页
责任校对：黄　蓓　李　楠	字　　数：222千字
装帧设计：赵姗姗	印　　数：1001—1500册
责任印制：吴　迪	定　　价：48.00元

版 权 专 有 侵 权 必 究

本书如有印装质量问题，我社营销中心负责退换

编 委 会

主　　任　路振刚

副 主 任　黄悦照　王洪玉

委　　员　张亚武　朱安平　佟德利　张国良　张全胜　常玉红　王胜军　赵常伟　李富春　胡代清
　　　　　王　槐　胡万飞　张　强　易忠有

主　　编　张亚武　胡代清

执行主编　郝　峰　郭建强

编写人员　魏春雷　王小军　任　刚　王世彬　黄杨梁　孙文东　杨聚伟　瞿　洁　倪马兵　罗国虎
　　　　　杨艳平　刘鹏龙　杨　梅　王建明　刘长武　王　坤　王　瑶

前　言

抽水蓄能电站运行灵活、反应快速，是电力系统中具有调峰、填谷、调频、调相、备用和黑启动等多种功能的特殊电源，是目前最具经济性的大规模储能设施。随着我国经济社会的发展，电力系统规模不断扩大，用电负荷和峰谷差持续加大，电力用户对供电质量要求不断提高，随机性、间歇性新能源大规模开发，对抽水蓄能电站发展提出了更高要求。2014 年国家发展改革委下发"关于促进抽水蓄能电站健康有序发展有关问题的意见"，确定"到 2025 年，全国抽水蓄能电站总装机容量达到约 1 亿 kW，占全国电力总装机的比重达到 4%左右"的发展目标。

抽水蓄能电站建设规模持续扩大，大力研究和推广抽水蓄能电站标准化设计，是适应抽水蓄能电站快速发展的客观需要。国网新源控股有限公司作为全球最大的调峰调频专业运营公司，承担着保障电网安全、稳定、经济、清洁运行的基本使命，经过多年的工程建设实践，积累了丰富的抽水蓄能电站建设管理经验。为进一步提升抽水蓄能电站标准化建设水平，深入总结工程建设管理经验，提高工程建设质量和管理效益，国网新源控股有限公司组织有关研究机构、设计单位和专家，在充分调研、精心设计、反复论证的基础上，编制完成了《抽水蓄能电站通用设备》系列丛书，包括水力机械、电气、金属结构、控制保护与通信、供暖通风、消防及电缆选型七个分册。

本通用设备坚持"安全可靠、技术先进、保护环境、投资合理、标准统一、运行高效"的设计原则，采用模块化设计手段，追求统一性与可靠性、先进性、经济性、适应性和灵活性的协调统一。该书凝聚了抽水蓄能行业诸多专家和广大工程技术人员的心血和智慧，是公司推行抽水蓄能电站标准化建设的又一重要成果。希望本丛书的出版和应用，能有力促进和提升我国抽水蓄能电站建设发展，为保障电力供应、服务经济社会发展做出积极的贡献。

由于编者不平有限，不妥之处在所难免，敬请读者批评指正。

编者
2019 年 12 月

目 录

前言

- 第1章 概述 ··· 1
  - 1.1 主要内容 ··· 1
  - 1.2 编制原则 ··· 1
  - 1.3 工作组织 ··· 1
  - 1.4 编制过程 ··· 1
- 第2章 电气系统设计 ··· 2
  - 2.1 电气主接线 ··· 2
  - 2.2 厂用电系统 ··· 3
  - 2.3 电气设备通用设计标准、规程规范 ··· 6
  - 2.4 数字化智能型抽水蓄能电站电气设备总体要求 ··· 7
- 第3章 发电电动机 ··· 7
  - 3.1 设计和选型原则 ··· 7
  - 3.2 设计标准、规程规范 ··· 9
  - 3.3 主要技术参数 ··· 9
  - 3.4 主要技术要求 ··· 13
- 第4章 主变压器 ··· 25
  - 4.1 主变压器选型原则 ··· 25
  - 4.2 设计标准、规程规范 ··· 25
  - 4.3 主要技术参数 ··· 26
  - 4.4 技术要求 ··· 26
- 第5章 GIS设备 ··· 30
  - 5.1 设计和选型原则 ··· 30
  - 5.2 设计标准、规程规范 ··· 30
  - 5.3 GIS技术参数 ··· 31
  - 5.4 结构性能 ··· 34

- 第6章 高压电缆 ··· 38
  - 6.1 设计和选型原则 ··· 38
  - 6.2 设计标准、规程规范 ··· 39
  - 6.3 主要技术参数 ··· 39
  - 6.4 结构型式及附属设备 ··· 42
- 第7章 离相封闭母线 ··· 42
  - 7.1 设计原则 ··· 42
  - 7.2 设计标准、规程规范 ··· 43
  - 7.3 主要技术参数 ··· 43
  - 7.4 结构型式及附属设备 ··· 44
- 第8章 发电机电压回路开关设备 ··· 45
  - 8.1 发电机电压回路开关设备选型原则 ··· 45
  - 8.2 设计标准、规程规范 ··· 45
  - 8.3 技术参数 ··· 46
  - 8.4 结构性能 ··· 50
- 第9章 厂用电设备 ··· 52
  - 9.1 厂用电系统变压器 ··· 52
  - 9.2 中压开关柜 ··· 57
  - 9.3 低压开关柜及检修插座箱 ··· 60
  - 9.4 低压母线 ··· 63
  - 9.5 柴油发电机组 ··· 64
- 第10章 机械钥匙闭锁系统 ··· 68
  - 10.1 设计原则 ··· 68
  - 10.2 设计标准、规程规范 ··· 68
  - 10.3 设置部位 ··· 68

10.4 技术要求 …………………………………… 69	附图一　高压侧接线图　两进一出三角形
第 11 章　限流电抗器 ………………………… 69	附图二　高压侧接线图　两进两出桥形
11.1 设计和选型原则 ……………………………… 69	附图三　高压侧接线图　两进两出四角形
11.2 设计标准、规程规范 ………………………… 70	附图四　高压侧接线图　三进两出双母线
11.3 技术参数 ……………………………………… 70	附图五　高压侧接线图　两进两出单母线分段
11.4 结构性能 ……………………………………… 70	附图六　高压侧接线图　三进两出一倍半
第 12 章　照明系统 …………………………… 71	附图七　四台机高压厂用电系统接线图
12.1 设计和选型原则 ……………………………… 71	附图八　六台机高压厂用电系统接线图
12.2 设计标准、规程规范 ………………………… 73	附图九　四台机发电机电压回路接线图方案一
12.3 技术参数 ……………………………………… 74	附图十　四台机发电机电压回路接线图方案二
12.4 结构形式 ……………………………………… 75	附图十一　六台机发电机电压回路接线图方案一
附录　典型电气接线图	附图十二　六台机发电机电压回路接线图方案二

第1章 概 述

1.1 主要内容

抽水蓄能电站通用设备是国家电网有限公司标准化建设成果的有机组成部分。通过开展通用设备设计工作，将设备全寿命周期管理理念落实到设备的选型设计中，充分吸取已投运电站设备运维的经验和教训，进一步规范抽水蓄能电站设备配置，科学提出设备的技术参数和结构性能要求，致力于从设备选型设计阶段提高设备质量水平。

通用设备标准化是一个系统性的工作，包括电站机电各系统设备，《抽水蓄能电站通用设备》主要包括：

水力机械分册、电气分册、控制保护和通信分册、金属结构分册、供暖通风分册、消防分册、电缆选型分册。

本分册为电气分册，主要内容包括：发电电动机、主变压器、GIS 设备、高压电缆、离相封闭母线、发电机电压回路开关设备（包括发电机断路器、换相隔离开关、电制动开关、分支回路及起动母线隔离开关、分支回路开关柜等）、厂用电设备（包括厂用变压器、中低压开关柜、中低压母线等）、照明系统设备、机械钥匙闭锁系统等。

1.2 编制原则

通过对国内已建抽水蓄能电站电气设备技术条件的收集整理，结合当前设备制造水平及发展趋势，合理确定抽水蓄能电站电气设备技术参数和技术要求，形成抽水蓄能电站通用设备技术规范。遵循国网新源控股有限公司（简称国网新源公司）通用设备设计的原则，结合以往工程的运行维护经验和相应的反措要求，编制完成《抽水蓄能电站通用设备 电气分册》（简称《电气分册》），为优选设备提供技术支持，力求做到安全可靠，节能高效；技术先进，标准统一；质量优良，造价合理；努力做到可靠性、先进性、经济性和灵活性的协调统一。

1.3 工作组织

为了加强工作组织和协调，成立了《电气分册》编制工作组。工作组由国网新源控股有限公司（简称国网新源公司）担任组长单位，由各编写单位担任成员单位，由国网新源公司基建部、运检部及相关运行单位、设计单位专家进行各阶段审查。工作组负责《电气分册》的总体工作方案策划、组织、指导、协调及编制工作。

《电气分册》由中国电建集团北京勘测设计研究院有限公司（简称北京院）负责设计与编制。

1.4 编制过程

2016 年 5 月 19 日，国网新源公司组织召开《电气分册》编制工作启动会。

2016 年 5 月 20 日，北京院开始向国内主要电气设备生产厂家咨询并收集产品资料，向抽水蓄能电站设计单位收集电气设备的选型设计资料，向国网新源公司所属电厂收集建设、运维过程中的经验总结资料。

2016 年 8 月 25 日，北京院完成《电气分册》中间成果。8 月 30 日，国网新源公司组织召开中间成果评审会。

2016 年 10 月 13 日，北京院完成《电气分册》阶段性成果。10 月 18～19 日，国网新源公司组织召开《电气分册》阶段成果审查会。

2016 年 10 月 28 日，北京院完成《电气分册》送审稿。11 月 1 日，国网新源公司组织召开《电气分册》成果审查会。

2018 年 10 月 23 日，国网新源公司组织召开通用设备各分册审定会议。11 月 9 日，北京院完成《电气分册》审定稿。

第 2 章 电气系统设计

2.1 电气主接线

2.1.1 基本原则

抽水蓄能电站电气主接线的选择应遵循"安全可靠、运行灵活和经济合理"的基本原则。

抽水蓄能电站作为电网的调峰主力,其接线方式对系统和电站的安全稳定运行有较大影响,对所在区域的能源平衡起着较为重要的作用。电气主接线的三大特性是可靠性、灵活性和经济性,其中可靠性处于主要地位。电站电气主接线选择的基本原则是:在满足可靠性要求的前提下,选择灵活性和经济性较好的接线;在经济性相同或相差不大的情况下,选择可靠性较高的接线。同时,应综合考虑电站装机台数、机组容量、枢纽布置、系统要求、是否有穿越功率、是否有扩建要求等诸多因素。

根据《国家电网公司抽水蓄能电站工程通用设计 开关站分册》中拟定的设计方案,本分册在电站装机 4 台或 6 台(单机容量 250～375MW)、出线 1 回或 2 回基础上开展设计,其他方案可参照执行。

2.1.2 发电电动机与主变压器的组合方式

根据电站装机容量、规模及其在电力系统中的地位,发电电动机与主变压器的组合方式主要有单元接线、联合单元和扩大单元三种接线方式。

单元接线具有接线简单清晰、故障影响范围小、运行可靠灵活、检修维护方便等特点,但所需主变压器及相应的 500kV 高压设备数量最多,投资较高。当电站接入电力系统出线回路数为 1 回,且经论证采用单元接线和地下 GIS 开关站方案更为合理时,可以采用单元接线以提高电站的运行可靠性和灵活性,减少倒闸操作次数。

联合单元接线减少了高压设备数量,有利于设备布置和简化高压侧接线,一台主变压器故障仅导致两台机组短时停电。联合单元接线可以采用三相双绕组变压器,制造经验丰富,主变压器及相应的高压设备投资较低。

扩大单元所需高压设备数量最少,但一台主变压器故障或检修,将导致两台机组容量受阻。对于 250～375MW 的机组,主变压器容量将高达约 600～900MVA,须选用单相变压器,但这会使主变压器低压侧封闭母线布置复杂,现场安装及后期运行维护比较困难,而且由于此容量的低压双分裂变压器生产经验较少,会导致设备造价增加。此外,由于采用单相变压器,主变压器洞土建投资将会增加。对于单机容量 150MW 及以下的机组,采用扩大单元接线时,主变压器容量适中,而且有比较成熟的设计、制造、运行经验。此外,随着现场组装变压器的设计、制造、安装、试验等经验日趋成熟,大容量机组采用扩大单元接线也将可行。

根据已建电站的设计和运行经验,目前主流容量的抽水蓄能电站发电电动机与主变压器组合方式推荐采用两机联合单元接线。

大型抽水蓄能电站启、停机频繁且需引接厂用电源,发电电动机出口装设发电机断路器。

2.1.3 高压侧接线

根据抽水蓄能电站的装机容量及其在电力系统中的地位和作用,大部分电站均接入 500kV 系统;部分容量较小或附近无 500kV 变电站间隔的电站也可接入 220kV 系统;新疆地区的抽水蓄能电站原则上接入 220kV 系统;西北其他地区的抽水蓄能电站原则上接入 330kV 系统。

根据本分册拟定的装机台数及出线回路数的多少,除《国家电网公司抽水蓄能电站工程通用设计 开关站分册》中涵盖的三角形(附录 A.1)、桥形(附录 A.2)、四角形(附录 A.3)、双母线(附录 A.4)接线外,常用的电气主接线还包括单母线分段(附录 A.5)和一倍半接线(附录 A.6)等。

角形接线和一倍半接线中,每一回路均对应两台断路器,任一断路器故障或检修均不影响本回路的正常运行,可靠性较高。目前,角形接线在抽水蓄能电站中运行案例较多,运行经验丰富,保护系统属于成熟设计,不存在制约性因素。虽然角形接线在断路器检修或故障时会开环运行,使其自身可靠性降低,但从整体可靠性、布置尺寸和投资成本来说,角形接线相对其他主接线形式均具有较大的优势。如果电站装机超过 6 台、出线多于 2 回,则角形接线断路器较多,开环的概率增大,此时若采用一倍半接线将形成更多环形,可靠性更高,经论证可采用一倍半接线。

单母线分段和双母线接线中，每个进出线回路均对应一组断路器，接线简单清晰，布置简单，运行经验较多，但与投资相当（或更低）的角形接线相比可靠性低。单母线分段接线的断路器故障和母线故障将影响电站一半容量送出，如果分段断路器故障，可能会造成全厂停电；双母线接线任一断路器故障或母线故障将造成母联断路器跳闸，相应母线段回路停电，倒闸操作的概率和风险增加，母联断路器故障可能导致全厂停电。

桥形接线简单清晰，断路器数量少，投资较少。外桥接线的出线回路和内桥接线的进线回路均对应两组断路器，任一断路器故障或检修均不影响相应回路的供电连续性。但是，如果桥联断路器故障或检修，则两回进出线回路需解列运行，可靠性大大降低，且此时如果外桥接线有穿越功率通过，则无法送出。

根据已建电站的设计、运行经验和在建工程的设计思路以及《国家电网公司抽水蓄能电站工程通用设计 开关站分册》中推荐的典型方案，结合电站实际情况和系统的具体要求，抽水蓄能电站高压侧可采用三角形、四角形、桥形、双母线、单母线分段、一倍半接线方式。

2.1.4 机组起动方式与接线

根据 NB/T 10072—2018《抽水蓄能电站设计规范》8.2.1 规定，依据机组容量、台数和电站内或邻近有无常规水电机组等条件，可逆式机组起动方式可遵循下列原则进行选择：当机组台数为 6 台及以上时，宜选用 2 套变频起动装置（SFC），互为备用；机组台数少于 6 台时，宜选用 1 套变频起动装置，并以背靠背同步起动作为备用起动方式。DL/T 5186—2004《水力发电厂机电设计规范》5.2.6 第 2、3 款规定：机组容量较大，宜选用变频起动方式；机组台数不超过 6 台的蓄能电厂宜只装设 1 套变频起动装置；大型蓄能电厂宜采用变频起动为主、背靠背同步起动为辅的方式。

目前，装机台数为 4 台及以下的电站设置一套 SFC 装置，并设任意"一对一"背靠背起动作为备用；6 台及以上机组设置两套 SFC 装置互为备用，不再设置背靠背起动。

为保证 SFC 起动装置的供电可靠性，设置两路分别引自不同的发电电动机出口的起动电源。为使首台机倒送电后即可以获得可靠的电源，SFC 电源一般引接自 1 号主变压器低压侧，另一路电源一般引自不同输水系统的 3 号主变压器低压侧。如果电站装机 6 台，还应从 4 号、6 号主变压器低压侧各引接一路电源供另一套 SFC 起动装置用电。

为方便起动回路设备的运行、维护和检修，在起动母线的中间部分设置分段隔离开关。装机 4 台、设置 1 套 SFC 装置的电站，起动母线分段隔离开关平时处于合闸状态，SFC 装置可以起动任何一台机组；当其中 1 段起动母线或其中 1 台起动隔离开关故障或检修时，可以打开分段隔离开关，以保证另外两台机组的正常起动。装机 6 台、设置 2 套 SFC 装置的电站，起动母线分段隔离开关平时处于分闸状态，每套 SFC 各起动 3 台机组；其中 1 段起动母线或其中 1 台起动隔离开关故障或检修，不影响另外 3 台机组的正常起动；在 1 套 SFC 故障情况下，隔离开关闭合，另 1 套 SFC 可以顺序起动全部 6 台机组。

2.2 厂用电系统

2.2.1 厂用电电源

抽水蓄能电站装机容量大，运行工况多，在电网中作用重大。电站主要机电设备布置在地下洞室内，其技术供水、地下洞室排水、通风采暖、二次设备电源、消防、照明等厂用电负荷对厂用电系统供电可靠性和连续性的要求高，因此要求厂用电源有较高的供电可靠性和灵活性，以确保电站的安全可靠运行。按照 NB/T 35044—2014《水力发电厂厂用电设计规程》，厂用电电源设置如下：

1. 厂用电工作电源

厂用电工作电源首先考虑从发电电动机电压母线引接，由于蓄能电站通常设置了发电机断路器和主变压器低压侧换相开关，因此厂用电工作电源从换相开关和主变压器低压侧之间引接。

2. 厂用电备用电源

厂用电备用电源应与工作电源具有同样的可靠性，一般通过电缆或架空线从施工变电站引接。为保证电源可靠性，施工变电站进线电源线路和连接至地下厂房的备用电源线路（如采用）按永久线路设计。

3. 厂用电保安电源

当工作电源与备用电源全部失去时，为保证地下厂房渗漏排水、消防、排烟、通风等系统的运行以及黑启动电源的供电可靠性，通常选择设置一台柴油发电机组作为电站地下厂房的保安电源（兼做黑启动电源），通过中压电缆引接至高压厂用电母线段。柴油发电机的设计和选型原则详见 9.5.1。

4. 其他

根据新源基建〔2016〕454 号文的要求，应加强电站上下水库区域、开关站和生产控制楼等地面建筑以及设备设施的供电可靠性，可采取引接地区电源或增设柴油发电机等措施提高供电可靠性。

2.2.2 供电范围及电压等级的选择

根据全厂用电负荷，采用综合系数法计算，初步估算电站厂用电计算负荷。

厂用电供电范围包括厂内机组自用电、全厂公用电、尾闸室、上水库、下水库、地面 GIS 开关站、中控楼、地面排风机房等区域的供电以及厂坝区照明等。

由于抽水蓄能电站规模大，厂用负荷点多，各点计算负荷容量大，布置分散，距离地下厂房较远，若只采用 0.4kV 级电压供电，许多供电距离较远的用电负荷的电压降将超出允许范围，且当单相短路灵敏度校验无法满足要求时需加粗或增加电缆，会造成投资成本的增加。

因此，电站厂用电系统采用两级电压供电，即 10kV 和 0.4kV。

2.2.3 厂用高压变压器调压方式选择

根据各蓄能电站可行性研究阶段的接入系统报告中对极端电压的波动范围要求，经计算选择适当的调压方式，以满足电站在各种工况下厂用高压变压器低压侧电压波动在 ±5% 以内的要求。

2.2.4 厂用电接线方案

1. 四台机方案

根据厂用电电源数量，设置与电源数量相匹配的三段 10kV 母线。从两台机端各引接一回厂用电源，经高压厂用变压器降压至 10kV 后，分别接至Ⅰ、Ⅲ段 10kV 母线，10kV 外来电源作为厂用电的备用电源和电站应急电源（柴油发电机组）分别接至Ⅱ段母线上。Ⅰ、Ⅱ、Ⅲ段母线之间均设置母联断路器联络形成环网以增加可靠性。Ⅰ、Ⅱ、Ⅲ段母线均布置在地下厂房内。10kV 外来电源及柴油发电机电源通过 10kV 电缆接入到地下厂房内。10kV 用电设备由 10kV 母线直接供给，其余公用电、机组自用电、尾闸室用电和保安用电等 0.4kV 设备均经 400V 变压器降压后供给负荷。四台机方案高压厂用电系统接线简图见图 2-1，四台机方案典型高压厂用电接线图见附录 A.7。

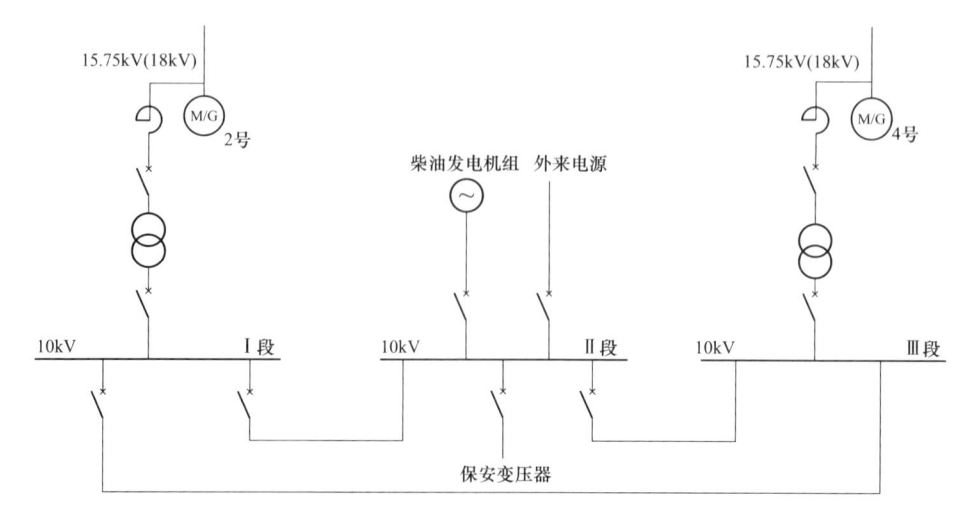

图 2-1 四台机方案高压厂用电系统接线简图

2. 六台机方案

根据厂用电电源数量，设置与电源数量相匹配的四段 10kV 母线。从三台机端各引接一回厂用电源，经高压厂用变压器降压至 10kV 后，分别接至Ⅰ、Ⅱ、Ⅲ段 10kV 母线，10kV 外来电源作为厂用电的备用电源和电站应急电源（柴油发电机组）均接至Ⅳ段 10kV 母线上。10kV 各段母线之间的联络应由 10kV 负荷在 10kV 母线上的分配以及负荷的性质决定，可分为两种方案：

（1）如厂用负荷基本平均分配在 10kV Ⅰ段和Ⅲ段母线上，Ⅱ段母线仅接检修、充水泵、业主营地等负荷，除Ⅰ、Ⅱ、Ⅲ、Ⅳ段母线之间设置母联断路器形成首尾相接环网外，为运行灵活，还应将Ⅰ段与Ⅲ段之间设置母联断路器进行联络；

（2）如厂用负荷平均分配在 10kV Ⅰ段、Ⅱ段、Ⅲ段母线上，10kV 母线间除了Ⅰ、Ⅱ、Ⅲ、Ⅳ段母线之间设置母线断路器形成首尾相接环网外，为运行灵活，还应将Ⅰ段与Ⅲ段之间、Ⅱ段与Ⅳ段之间设置母联断路器进行联络。

Ⅰ、Ⅱ、Ⅲ、Ⅳ段母线均布置在地下厂房内。10kV 外来电源及柴油发电机电源通过 10kV 电缆接入到地下厂房内。10kV 用电设备由 10kV 母线直接供给，其余公用电、机组自用电、尾闸室用电和保安用电等 0.4kV 设备均经 400V 变压器降压后供给负荷。六台机方案高压厂用电系统接线简图见图 2-2 和图 2-3，六台机方案典型高压厂用电接线图见附录 A.8。

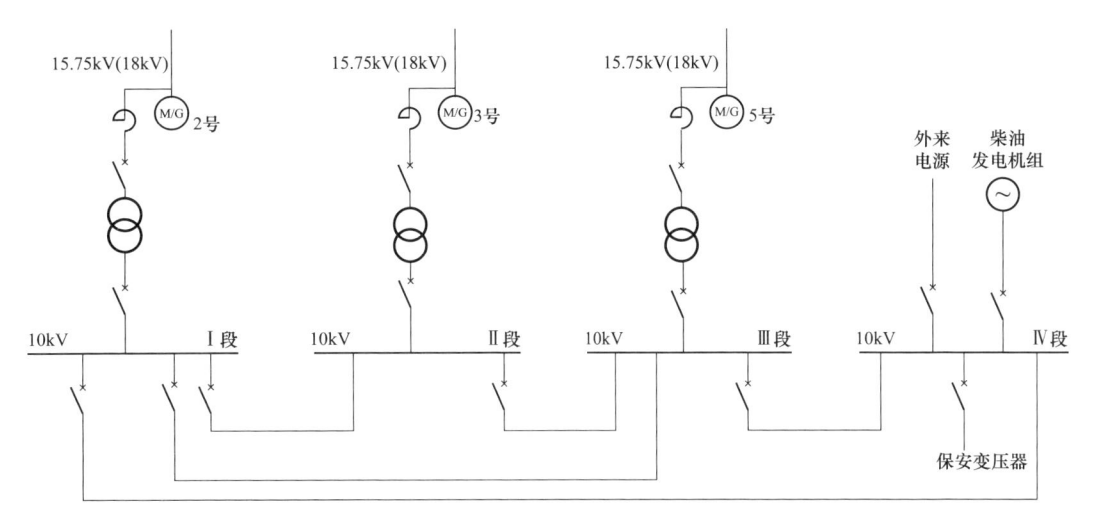

图 2-2　六台机方案高压厂用电系统接线简图—方案一

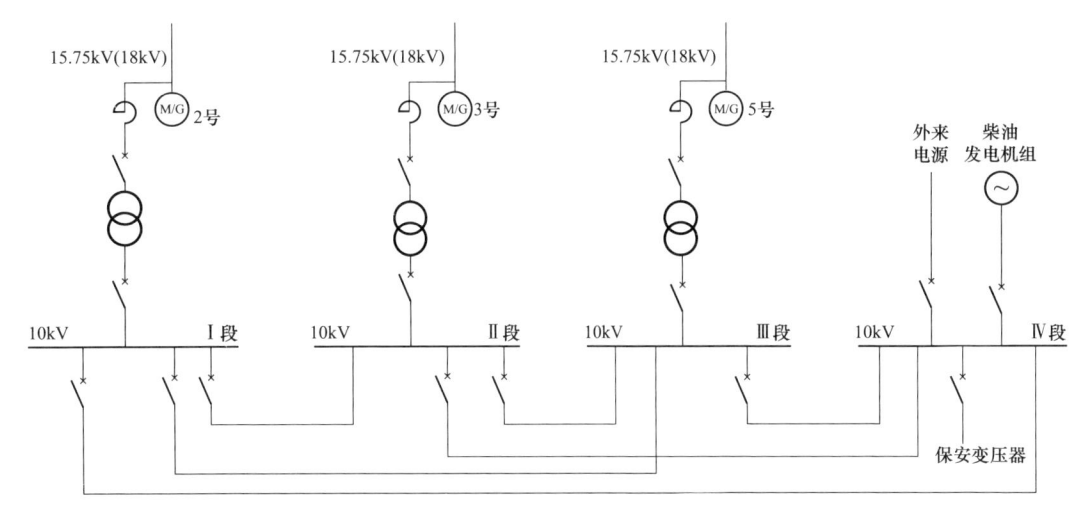

图 2-3　六台机方案高压厂用电系统接线简图—方案二

3. 主要枢纽建筑物厂用电接线方案

为满足水电站上水库、下水库、进/出水口、开关站、中控楼等区域的供电需要，并加强上下水库区域、开关站和生产控制楼等地面建筑物以及设备设施的供电可靠性，除从地下厂房 10kV 母线段引接两回（引自不同的 10kV 母线段）或一回作为工作电源外，另引接地区电源或设置柴油发电机组作为备用电源。根据各区域内负荷的重要性以及负荷间互为备用的需求（如有），各区域原则设置 2 段 10kV 母线并相互联络；当负荷较少且无互为备用的设置时，也可设置 1 段母线。以上电源可采用备自投或双电源自动切换的方式以保证供电的连续性。

2.2.5 厂用电工作电源的引接位置

厂用电工作电源可从各台主变压器低压侧引接。

1. 4 台机组的引接方式

4 台机组电站仅设置一套 SFC 变频启动装置，SFC 装置两个电源从 1 号和 3 号主变压器低压侧引接。两回厂用电工作电源引接方式提供两种接线方案，分别详见附录 A.9 和 A.10。为方便检修，所有主变压器低压侧引接的分支回路均装设隔离开关。方案一两回厂用电工作电源分别从两个联合单元的 2 号和 4 号主变压器低压侧引接。方案二两回厂用电工作电源仍从 1 号和 3 号主变低压侧引接，与 SFC 两回电源分别并接，共用隔离开关；2 号和 4 号主变压器低压侧不引接任何电源。

方案一，接线和布置清晰，4 台机组类同，隔离开关检修或故障只影响本回路，不会影响到其他回路或造成事故扩大，便于运行维护。首台机组发电时 1 号厂用高压变压器电源从 1 号主变压器低压侧电抗器出线端预留接线端子进行引接，待 2 号主变压器带电后即恢复从 2 号主变压器低压侧引接，形成永久接线方式。该接线形式和过渡接线方式已有多个类似电站的成功经验。

方案二，永久运行时仅 1 号和 3 号主变压器低压侧引接 SFC 和厂用电工作电源，2 号和 4 号主变压器低压侧不引接任何电源，4 台机不类同。隔离开关检修或故障会同时影响 SFC 电源和厂用电电源，永久运行时应加强该隔离开关的维护工作。首台机组投运时没有过渡接线的需求。

2. 6 台机组的引接方式

6 台机组电站设置两套 SFC 变频启动装置互为备用，两套 SFC 装置的两个电源分别从 1 号、3 号和 4 号、6 号主变压器低压侧引接。三回厂用电工作电源引接方式提供两种接线方案，分别详见附录 A.11 和 A.12。为方便检修，所有主变压器低压侧引接的分支回路均装设隔离开关。方案一三回厂用电工作电源从三个联合单元的 2 号、3 号、5 号主变压器低压侧引接。方案二三回厂用电工作电源仍从 1 号、3 号、6 号主变压器低压侧引接，与两套 SFC 的其中三回电源分别并接，共用隔离开关；2 号和 5 号主变压器低压侧不引接任何电源。

方案一，引接电源方式尽量 6 台机类同（仅有 1 台机端需要共用），5 台主变压器低压侧分支回路隔离开关检修或故障基本只影响本回路，不会影响到其他回路或造成事故扩大，便于运行维护。首台机组发电时 1 号厂用高压变压器电源从 1 号主变压器低压侧电抗器出线端预留接线端子进行引接，待 2 号主变压器带电后即恢复从 2 号主变压器低压侧引接，形成永久接线方式。该过渡接线方式已有多个类似电站的成功经验。

方案二，永久运行时 1 号、3 号、6 号主变压器低压侧同时引接 SFC 和厂用电工作电源，4 号主变压器低压侧只引接 SFC 电源，2 号、5 号主变压器低压侧不引接任何电源，6 台机组不类同。有 1 号、3 号、6 号主变压器低压侧隔离开关检修或故障会同时影响 SFC 电源和厂用电电源，永久运行时应加强该隔离开关的维护工作。首台机组投运时没有过渡接线的需求。

2.2.6 厂用电低压系统接线形式和低压电缆芯数选择

低压系统接地型式分 IT、TT 和 TN 三种类型，其中 TN 系统按 N 线和 PE 线的不同组合又分为 TN-C 系统、TN-C-S 系统和 TN-S 系统。为使电站的厂用电系统做到安全可靠、经济合理，同时保证人身和设备安全及系统的正常运行，蓄能电站接地网范围内的低压系统接地型式采用 TN-S 系统，如有位置较远、位于电站接地网范围外、由 400V 供电且有抗共模电压干扰要求的独立建筑物，其低压配电系统接地型式采用 TN-C-S 系统。

对于 TN-S 和 TN-C-S 系统，为提高接地故障保护的灵敏度，保证设备长期安全运行，采用低压电缆的 PE 芯作为设备的 PE 线，即同时有三相和单相供电要求的低压回路采用五芯电缆，仅有三相供电要求的低压回路采用四芯电缆，仅有单相供电要求的低压回路采用三芯电缆。

2.3 电气设备通用设计标准、规程规范

GB/T 311	绝缘配合
GB 4208	外壳防护等级（IP 代码）
GB/T 50064	交流电气装置的过电压保护和绝缘配合设计规范
GB/T 50065	交流电气装置的接地设计规范
GB 50260	电力设施抗震设计规范
DL/T 5186	水力发电厂机电设计规范

DL/T 5222　　　　　导体和电器选择设计技术规定
DL/T 5352　　　　　高压配电装置设计规范
NB/T 10072　　　　抽水蓄能电站设计规范
NB/T 35050　　　　水力发电厂接地技术设计导则

本章所列标准、规程规范为电气分册的通用标准，具体设备的相应标准详见各设备章节。本分册所用的标准应为最新版本标准。标准或规程之间不一致时，应采用高的标准。

2.4　数字化智能型抽水蓄能电站电气设备总体要求

电气设备选型设计除全面遵循全寿命周期管理理念、科学提出设备的技术参数和结构性能要求外，还应充分应用大数据、移动互联、数据采集及传输等新技术，实现不同系统间数据共享互动化、设备网络化和数字化、生产数据信息平台一体化，使设备具有执行能力的同时兼具思维能力，最终实现电气设备的智能运行、智能预警、智能诊断等目标。

第3章　发电电动机

3.1　设计和选型原则

3.1.1　发电电动机选型基本原则

（1）发电电动机的型式、主要参数和结构应满足电力系统和电站的要求，在保证安全稳定运行的前提下选择技术先进、性能优良的机组。

（2）发电电动机的型式选择应与水泵水轮机的机型相匹配。

（3）发电电动机发电工况的额定输出功率和电动工况的额定输入功率，应与水泵水轮机的水轮机工况的额定输出功率及水泵工况的最大输入功率相匹配。

（4）发电电动机的电抗数值应结合电力系统要求、机组电磁和结构设计、发电电动机电压回路和启动回路开关设备选择等，并经技术、经济比较确定。

（5）发电电动机的结构设计和常规水轮发电机基本相同。对于旋转部件、风路元件和轴承等部件设计，应考虑满足电机双向运行的要求。

（6）发电电动机启、停机和工况转换频繁，在部分工况下还要改变负载以满足电网运行需求，因而在结构上要考虑受力较大部件的低周疲劳（寿命评估分析计算）和相邻部件的冷热涨差等问题。

（7）发电电动机的设计还应满足电动机工况起动的要求。

3.1.2　发电电动机主要技术参数选择原则

3.1.2.1　额定容量和额定功率

发电电动机的额定容量以发电工况和电动工况的额定容量来表示，它表示两种工况下的机组额定输出/输入能力。为了充分发挥和利用发电电动机两种工况的容量，使发电工况与电动机工况视在功率相等，即 $S_{GN}=S_{MN}$。若考虑功率因数，则为 $P_{GN}/\cos\Phi_{GN}=P_{MN}/\eta_{MN}\cos\Phi_{MN}$，式中 P_{GN}、$\cos\Phi_{GN}$、P_{MN}、$\cos\Phi_{MN}$、η_{MN} 分别为发电工况额定功率、发电工况额定功率因数、电动工况轴输出功率（即水泵水轮机水泵工况时的最大入力，包含了正常电网频率变化，以及由模型换算到原型输入功率的可能偏差）、电动工况额定功率因数、电动额定工况效率。

对发电电动机，其额定容量和额定功率规定如下：发电工况输出的容量和电功率分别用 MVA（kVA）和 MW（kW）表示；电动工况输出的轴机械功率用 MW（kW）表示。

根据 GB/T 7894—2009《水轮发电机基本技术条件》规定，允许用提高功率因数的方法把水泵水轮机的有功功率值提高到额定容量（视在功率）值，即发电工况功率因数为1，以满足系统调峰、调频或紧急情况需要。即在机组造价增加很少情况下，增加了系统运行的灵活性。

3.1.2.2　额定转速

发电电动机额定转速与水泵水轮机的额定转速比较后选定的结果相匹配。

3.1.2.3　额定电压

额定电压是一个综合性参数，它与机组容量、转速、冷却方式、合理的槽电流以及发电机电压回路设备和电站主变压器的选择等都有密切的关系。

对一定容量和冷却方式的发电电动机，可根据电压与绕组支路数和槽电流的最佳匹配选取合理的额定电压。在电磁负荷取值合适的条件下，选择的额定电压低,电机消耗的绝缘材料和有效材料可相应减少。但电压降低将造成电机电流增大,从而增加绕组连接线、铜环引线及发电机与变压器之间的连接母线的自身电能损失及发热,可能导致电机铜环和引线以及发电机电压回路设备(断路器、换相开关、封闭母线等)价格的增加,甚至会出现选择困难的现象。因此,额定电压的选择应综合设备选择和经济性并进行全面分析论证来确定。20~100MW发电电动机的额定电压可采用10.5~13.8kV,80~200MW发电电动机的额定电压可采用13.80~15.75kV,200~400MW及以上的大容量、中高速发电电动机的额定电压可采用15.75~20.00kV,上述取值范围可供选择时参考。

3.1.2.4 机组调压范围

根据GB/T 7894—2009《水轮发电机基本技术条件》规定,机组的调压范围通常按±5%设计,如果电站接入系统设计有特殊要求加大调压范围,则按电力系统设计计算最终确定的机组调压范围要求进行设计。

3.1.2.5 额定功率因数

发电工况和电动工况的额定功率因数的确定,主要考虑三个因素:电力系统的需求、对机组容量和价格以及对3.1.2.1的容量平衡原则的影响。选择时应在满足系统需要的前提下,尽量提高电机额定功率因数。

虽然根据国家电网有限公司科〔2012〕1282号文的要求,一般发电机功率因数应具备满负荷时按0.85(滞后)的能力,但考虑到抽水蓄能机组的特殊性,GB/T 20834—2014《发电电动机机基本技术条件》第5.2条规定:a)发电工况时,不低于0.9(过励);额定容量大于350MVA,不低于0.925(过励)。b)电动工况,不低于0.975(过励)。

在电站的接入系统设计与电站设计配合过程中,应对上述因素进行综合分析,并参考相关规程规定后确定。发电工况和电动工况的功率因数在以下情况下可按规程进行选取:电力系统无特殊要求,包括对调相和充电容量无特殊要求等;电动工况时,机组作为电力系统的负荷,处于电力系统的电源有余情况下,一般系统对机组的无功功率要求不大,所以该状态下电动机的功率因数可取得高一些,在满足发电容量与电动机设计容量相等的前提下,可尽量发挥发电电动机在两种工况下的效益。

3.1.2.6 电磁参数

电磁参数的选择原则:如电力系统和电站对参数无特殊要求,应根据机组本身的技术经济指标确定合理的参数值;如有特殊要求时,则应综合考虑系统和电站需求以及电机本身技术经济指标,并进行综合的技术经济比较后确定。

1)直轴瞬态电抗X'_d。

发电电动机的直轴瞬态电抗X'_d是根据电力系统稳定计算确定的,在发电机电磁设计时应尽量予以满足。X'_d对发电机的动态稳定极限和突然增加负荷时的瞬态电压变化率有较大影响。X'_d越小,动态稳定极限越大,瞬态电压变化越小。减小电负荷可使X'_d减小,但要增加定子铁心的重量和发电机的外形尺寸,成本提高。一般空气冷却水轮发电机的X'_d在0.24~0.36范围内取值。

2)直轴超瞬态电抗X''_d。

发电电动机的直轴超瞬态电抗X''_d是计算短路电流的重要数据,对电站电气设备选型有较大影响。X''_d数值大,短路电流小,对电气设备选型有利。然而,X''_d主要决定于发电电动机阻尼绕组漏抗,而阻尼绕组漏抗本身就比较小,因此,X''_d不可能在很大范围内变动。从电机设计的角度考虑,此参数不宜过高,通常X''_d在0.16~0.26范围内取值,同时,需根据制造厂建议值进行电站短路电流计算和电气设备选择,目前根据经验以及与蓄能机组配套的电气设备多年来的研发和应用,设备选型均不存在较大影响。如遇X''_d相对较低的电机设计,各制造厂也在通过优化电机内部设计使整体电站设计方案更加合理。

3)短路比SCR。

短路比是关系到发电电动机在系统中运行的静态稳定性的重要参数,根据电站输电距离、负荷变化情况等因素综合确定。短路比大,发电电动机系统运行的静态稳定性提高,其充电容量也相应增大,电压变化率小,但电机转子的用铜量增加,成本提高。水轮发电机的短路比一般为0.9~1.3。由于采用快速励磁系统,近年来制造的大容量空冷水轮发电机的短路比取值呈下降趋势,选择比较小的SCR(如0.9~1.0)可降低电机造价。

3.1.2.7 飞轮力矩GD^2

机组的GD^2主要由发电电动机的GD^2决定。它直接影响到发电机在甩负荷时的速度上升率和系统负荷突变时发电机的运行稳定性,所以它对电力系统的暂态过程和动态稳定也有很大影响。通常，GD^2 的确定需满足电站输水系统调节保证计算的要求和机组断电时水力过渡过程的要求。

在满足电站输水系统和水泵水轮机调节保证计算的基础上，在合理的电机参数选择、GD^2 的估算值及各制造商提供的初步 GD^2 值的条件下，综合确定发电电动机的 GD^2。

3.1.3 发电电动机结构型式选择原则

悬式和半伞式是立式发电电动机两种主要种结构型式。

悬式机组结构的优点，主要在于径向机械稳定性较好，轴承损耗较小，机组效率高，检修和维护方便。缺点是会增加轴系长度和机组高度，使电站地下厂房高度及开挖增大，对机组受力情况和轴系的摆度、振动均有不利影响，悬式机组需要加强上机架和定子机座结构，使机组重量和造价有所增加。悬式机组更适用于高转速机组。

半伞式机组的优点是在机组的上部设有一个导轴承，增加了机组的稳定性，轴系较短，机组总高度可降低，从而降低厂房高度，发电机结构重量较轻。缺点是损耗稍大，机组效率稍低。在高转速大容量的发电电动机组中，半伞式结构也得到日益广泛的应用。

对具体工程来说，发电电动机选择半伞式还是悬式结构，应结合机组的容量、转速和结构尺寸，综合考虑运行稳定性、检修维护的便利性、厂房高度、机组技术经济指标等多种因素，经过技术经济比较并在制造厂成熟的经验和业绩的条件下综合确定。一般 428.6r/min 及以上转速的发电电动机可采用悬式或半伞式结构，375r/min 及以下转速的发电电动机宜采用半伞式结构，且均要求装设上、下两个导轴承。

3.2 设计标准、规程规范

GB/T 156	标准电压
GB 755	旋转电机　定额和性能
GB/T 1029	三相同步电机试验方法
GB/T 2900.25	电工术语　旋转电机
GB/T 5321	量热法测定电机的损耗和效率
GB/T 7894	水轮发电机基本技术条件
GB/T 8564	水轮发电机组安装技术规范
GB/T 10069.1	旋转电机噪声测定方法及限值　第 1 部分：旋转电机噪声测定方法
GB/T 18482	可逆式抽水蓄能机组启动试运行规程
GB/T 20834	发电电动机基本技术条件
GB/T 20835	发电机定子铁心磁化试验导则
DL/T 507	水轮发电机组启动试验规程
DL/T 5230	水轮发电机转子现场装配工艺导则
DL/T 5420	水轮发电机定子现场装配工艺导则
JB/T 6204	高压交流电机定子线圈及绕组绝缘耐电压试验规范
SL 321	大中型水轮发电机基本技术条件

3.3 主要技术参数

针对不同容量和不同转速，发电电动机的典型技术参数见表 3-1。

表 3-1　发电电动机典型技术参数表

序号	项目	典型技术参数				备注
1	对应水头	200～500	200～800	300～800	400～800	
2	单机容量（MW）	250	300	350	375	
3	额定容量 发电工况（MVA/MW）	S_N/250	S_N/250	S_N/250	S_N/250	电气输出，根据发电工况的功率因数最终确认值计算确定

续表

序号	项目	典型技术参数				备注
	电动工况（MW）	P_{MN}	P_{MN}	P_{MN}	P_{MN}	轴输出，根据电动工况的功率因数和效率最终确认值计算确定
4	额定电压					
	额定电压（kV）	15.75，18	15.75，18	15.75，18	15.75，18	
	调压范围（%）	±5	±5	±5%	±5	如电力系统有特殊要求，与电站设计协调后确定
5	额定转速（r/min）	250，300，333.3，375，428.6，500	214.3，250，300，333.3，375，428.6，500，600	250，300，333.3，375，428.6，500，600	300，333.3，375，428.6，500，600	
6	额定频率（Hz）	50	50	50	50	
7	额定功率因数					
	发电工况（规范建议值）	0.9	0.9	0.9	0.9	如电力系统有特殊要求，与电站设计协调后确定
	电动工况（规范建议值）	0.975	0.975	0.975	0.975	如电力系统有特殊要求，与电站设计协调后确定
8	温升（或温度）					
(1)	定子绕组（K）	80	80	80	80	埋置检温计法
(2)	转子绕组（K）	90	90	90	90	电阻法
(3)	定子铁芯（K）	80	80	80	80	埋置检温计法
(4)	集电环（K）	75	75	75	75	温度计法
(5)	推力轴承温度（℃）	78	78	78	78	埋置检温计法
(6)	导轴承温度（℃）	75	75	75	75	埋置检温计法
9	绝缘及耐压等级					
(1)	定子绕组绝缘	F	F	F	F	
(2)	转子绕组绝缘	F	F	F	F	
(3)	定子铁芯绝缘	F	F	F	F	

续表

序号	项目	典型技术参数				备注
（4）	定子单个线棒的起晕电压	1.5 倍额定线电压以上	1.5 倍额定线电压以上	1.5 倍额定线电压以上	1.5 倍额定线电压以上	
（5）	整机每相绕组起晕电压	不应低于 1.1 倍的额定线电压	不应低于 1.1 倍的额定线电压	不应低于 1.1 倍的额定线电压	不应低于 1.1 倍的额定线电压	
（6）	定子线棒绝缘工频击穿电压	应大于 6 倍额定线电压	应大于 6 倍额定线电压	应大于 6 倍额定线电压	应大于 6 倍额定线电压	
（7）	组装完成以后的定子绕组绝缘能承受 50Hz 正弦波形的试验电压（1min）（kV）	$2U_N+3$	$2U_N+3$	$2U_N+3$	$2U_N+3$	
（8）	转子绕组绝缘能承受 50Hz 正弦波形的试验电压（1min）	额定励磁电压 500V 及以下，10 倍额定励磁电压（但最低不低于 1.5kV）；额定励磁电压 500V 以上，2 倍额定励磁电压+4kV	额定励磁电压 500V 及以下，10 倍额定励磁电压（但最低不低于 1.5kV）；额定励磁电压 500V 以上，2 倍额定励磁电压+4kV	额定励磁电压 500V 及以下，10 倍额定励磁电压（但最低不低于 1.5kV）；额定励磁电压 500V 以上，2 倍额定励磁电压+4kV	额定励磁电压 500V 及以下，10 倍额定励磁电压（但最低不低于 1.5kV）；额定励磁电压 500V 以上，2 倍额定励磁电压+4kV	
10	电抗（额定容量时）					
	不饱和直轴瞬变电抗（X'_d）（不大于）	0.24～0.36	0.24～0.36	0.24～0.36	0.24～0.36	
	饱和直轴超瞬变电抗（X''_d）（不小于）	0.16～0.26	0.16～0.26	0.16～0.26	0.16～0.26	
11	短路比（不大于）	0.9～1.0	0.9～1.0	0.9～1.0	0.9～1.0	
12	定子绕组全谐波畸变因数（THD）（%）	<5	<5	<5	<5	
13	振动和摆度（mm）					在各种正常工况下，最大振动（摆度）值以峰-峰值位移表示
	带推力轴承支架的垂直振动量	0.07，0.05，0.04	0.07，0.05，0.04	0.07，0.05，0.04	0.07，0.05，0.04	
	带导轴承支架的水平振动量	0.09，0.07，0.05	0.09，0.07，0.05	0.09，0.07，0.05	0.09，0.07，0.05	
	定子铁芯处的机座水平振动（100Hz）	0.03，0.02	0.03，0.02	0.03，0.02	0.03，0.02	
	定子铁芯 100Hz 双幅振动量	0.03	0.03	0.03	0.03	
	导轴承处轴摆度	按相关规范确定	按相关规范确定	按相关规范确定	按相关规范确定	
	在最大轴向荷载下，带推力轴承机架的最大垂直挠度	按推力负荷大小及相关规范确定	按推力负荷大小及相关规范确定	按推力负荷大小及相关规范确定	按推力负荷大小及相关规范确定	

第 3 章 发电电动机

续表

序号	项目	典型技术参数				备注
14	特殊要求					
(1)	承受短路电流					
	在额定转速以及空载电压为发电机最高电压下进行三相突然短路试验可承受时间（s）	3	3	3	3	
	在额定容量、额定功率因数和发电机最高电压及稳定励磁条件下运行时可承受的短路故障时间（s）	30	30	30	30	
(2)	不对称运行					
	负序电流分量与额定电流之比	≤9%	≤9%	≤9%	≤9%	发电电动机在不对称的电力系统中运行时，如任一相电流不超过额定值且满足本条，则可确保长期运行
	短时间允许的不平衡电流值，其负序电流标幺值 I_2 的平方与时间 t（s）的乘积 $I_2^2 t$	≥40s	≥40s	≥40s	≥40s	在不对称故障时，发电电动机设计应满足本条件
(3)	过电流					
	发电电动机在热状态下，在额定电压附近能承受额定电流的倍数及持续时间	150%额定电流 历时2min	150%额定电流 历时2min	150%额定电流 历时2min	150%额定电流 历时2min	
	转子绕组能承受额定励磁电流倍数及持续时间	2倍/≥50s	2倍/≥50s	2倍/≥50s	2倍/≥50s	
15	飞逸转速及承受时间	≥1.45n_r/5min，并不小于水轮机最大导叶开度条件下的最大飞逸转速	≥1.45n_r/5min，并不小于水轮机最大导叶开度条件下的最大飞逸转速	≥1.45n_r/5min，并不小于水轮机最大导叶开度条件下的最大飞逸转速	≥1.45n_r/5min，并不小于水轮机最大导叶开度条件下的最大飞逸转速	
16	距电机上盖板外缘上方高1m处的总噪声级（dB）	<80	<80	<80	<80	
17	机组可靠性指标					
(1)	可用率（%）	>99	>99	>99	>99	

续表

序号	项目	典型技术参数				备注
（2）	无故障连续运行时间（h）	8000	8000	8000	8000	
（3）	大修间隔时间（年）	≥10	≥10	≥10	≥10	
（4）	退役前的使用期限（年）	≥50	≥50	≥50	≥50	
（5）	定子绕组绝缘寿命（年）	>30	>30	>30	>30	

3.4 主要技术要求

3.4.1 一般要求

（1）发电电动机的结构型式和总体布置应根据水泵水轮机的型式、机组转速、额定容量、厂房型式和布置及机组运行稳定性等因素，经技术经济分析比较后进行优选。

（2）发电电动机整体及其所有部件除应具有良好的技术特性外，还必须满足强度和刚度要求，使之在正常运行工况与特殊运行工况情况下，其整体和所有部件的挠度、振动和安全系数均在允许范围内。所谓特殊运行情况指的是对称与不对称短路、飞逸转速下运行、过电压、转子半数磁极短路、地震等。

（3）发电电动机结构应设计成水泵水轮机可拆卸部分（如转轮、顶盖等）、下机架等部件在安装及检修时能通过定子铁芯内径而不需拆除定子，还应能在不吊出转子和不拆除上机架情况下，更换转子磁极、定子上层线棒以及对定子绕组端部和定子铁芯进行预防性检查。集电环、导轴承及推力轴承的结构应设计成在不影响转子和相关部件情况下便于拆卸、调整和更换。

（4）对可能引起有害共振的发电电动机的机架、定子机座及其他结构件的固有频率应予以核算，以避免与水泵水轮机水力脉动频率及其倍频，或与不对称运行时转子和定子铁芯的振动频率、电网频率的倍频、建筑物的振动频率产生任何可能的共振。

（5）凡需要在工地组装的发电电动机定子机座、机架和转子支架等应在工厂内进行预装，并在分瓣面处设置定位连接结构。

（6）发电电动机的定子、转子和机架设计应采用能适应热变形和不平衡磁拉力的结构。

（7）发电电动机转动部件紧固件应明确预紧力要求，并有可靠的防止松脱措施，制造厂应提供紧固件的检查标准和使用期限。

（8）发电电动机机架、机座、定子线棒端及其他结构件的固有频率应经过核算，以避免与水泵水轮机的转频、水力脉动频率及其倍频，或与不对称运行时转子和定子铁芯的振动频率、电网频率的倍频、建筑物的振动频率产生任何可能的共振。

（9）供货商应提交转动关键部件（包括螺栓）的计算（包括强度、应用及疲劳分析计算）、材料和结构的选型说明供审查批准，并合理确定螺栓使用更换周期。设备供货阶段，应加强对转动关键部件螺栓的供货质量控制，按适当比例增加螺栓供货数量，以便对螺栓进行材质及力特性检验。

（10）发电电动机应采用先进、成熟的结构、材料和工艺。如采用足以影响性能参数及技术经济指标的新结构、新技术、新材料时，应有适用于蓄能机组运行工况和条件的验证试验，并经过专业技术鉴定或专题评审会的确认方可采用，且此确认在机组投入商业运行后出现故障和缺陷时并不免除供货商的责任。

（11）配置发电电动机设备智能管控平台，通过监测包括但不限于定子、转子、导轴承、推力轴承、冷却系统等设备的局部放电量、气隙、温度、流量、振动、摆动、工况、转速、电压、电流等信息，并对采集的信息进行综合分析、智能诊断、设备控制、故障预警，实现与上一级数据中心信息的交互，实现不同系统间的联动。

3.4.2 定子

3.4.2.1 定子机座

（1）机座应具有足够的强度和刚度，以承受双向运行情况下的异步同期、短路、半数磁极绕组短路等引起的各种力的作用而不发生损害和超过允许的变形。

（2）悬式机组的定子机座应能承受水泵水轮机/发电电动机的所有转动部分的重量和水泵水轮机最大水推力的组合轴向荷载，并能安全地承受作用于水泵水轮机转轮上的不平衡水推力。

（3）机座应能适应定子铁芯的热变形，以防止铁芯松动、翘曲。定子机座适应用铁芯热变形的结构有以下几种：

1）斜元件结构。依靠支承结构的弹性变形减小机座对铁芯的反作用径向力，以适应铁芯热膨胀；能一定程度改善基础的受力情况；当转子发生短路时的非稳定运行时，有利于稳定定、转子之间的气隙均匀度。采用此结构时应重点核算机座刚度是否满足要求，当机组结构选择为半伞式时，如定子机座采用斜元件结构，需复核推力轴承部位的空间是否满足检修维护要求以及空气冷却器管路布置是否合理，否则应优选其他定子机座结构型式。

2）允许机座径向移动的浮动式结构。机座中的盒形筋主要是起承受和将力传递到机座支墩部分的作用，机座刚度好。机座支墩与基础板的结合面涂上长期稳定的润滑剂以减小结合面的摩擦力，确保机座沿圆周均匀热膨胀。基础的固定螺栓仅保证轴向锁定，机座径向可以滑移，机座切向位置由键或销钉精确定位，可以传递可能发生的、最危险工况时所产生的最大作用力或扭矩。此种结构应特别关注加工和安装工艺。

3）分体式弹性定位筋结构。在定位筋不影响定子铁芯自由膨胀的基础上增加径向弹性元件，增强了铁芯和机座的联合刚度，减小铁芯振动。此种结构应特别关注弹性元件的疲劳设计以及定子铁芯受到应力的安全水平。

3.4.2.2 定子铁芯

（1）尽量不采用定子分瓣结构。定子铁芯分瓣会助长铁芯翘曲，同时，由于合缝处附近固定条件较差，受力后容易产生变形和振动，甚至损坏。当发电电动机定子受运输尺寸限制时，应采用定子机座分瓣运输、在现场安装间组装成整圆后进行叠片的组装方式。

（2）定子铁芯应采用低损耗（$B=1T$时单位损耗不大于1.05W/kg）、高质量、高导磁率、无时效、厚度不大于0.50mm的优质冷轧硅钢片。每片硅钢片应去毛刺，两面应涂F级、收缩小、固化快的绝缘漆，并应形成完整的漆膜，漆膜要求平整、均匀、无刮痕。

（3）定子铁芯叠片应全部交错叠制，采用多段分层压紧法，以形成一个整体、紧固的铁芯。为了减少铁芯振动，可采用端齿冲片黏结技术。

（4）叠片的压紧由叠片装配应力控制，并检查压紧螺栓的拉力以校对叠片压紧程度。铁芯叠片采用分段冷压整体压紧工艺。拉紧螺杆上端应设蝶形弹簧或其他更佳的锁固结构，保持恒定的压缩量，以维持机组运行后冷热交替时铁芯膨胀和收缩对铁芯必须的压紧力，防止铁芯长期运行后松动。铁芯磁化试验后，宜在热态时再将定子压紧螺栓重新紧固至推荐值，以有效地释放定子冲片在叠片以及其他工序过程中产生的应力，增加叠片的平整度，减少产生瓢曲的应力。

（5）叠片必须用足够数量的定位筋固定在机座上。定子叠片上、下两端用齿压板牢固地夹住。齿压板的压指应采用非磁性材料。铁芯的拉紧螺杆不得当做定位筋使用。应采用具有可靠绝缘的高强度低碳合金钢螺杆。拉紧螺杆的自然频率应避开机组各种运行方式（正常运行、电动工况启动和电制动）时的机械频率。

1）如采用穿心螺杆式结构，拉紧螺杆不允许采用缠带绝缘的方法，应采取全长无空隙绝缘套管进行绝缘的可靠措施，以保证定子铁芯穿过螺杆的绝缘性能，避免发生拉紧螺杆对铁芯的短路事故。应避免由于设计原因造成定子铁芯风沟、拉紧螺杆需要频繁吹扫。当采用穿心螺杆结构时，定子机座下环板与定子铁芯的结合形式优先采用下端为大齿压板的结构。

2）如采用嵌入（环板）式拉紧螺杆结构，即在环板内缘嵌入焊接拉紧螺杆，其与机座焊为一体，铁芯两端均为小齿压板。齿压板有足够的弹性，铁芯被联合压紧，压紧力应经过详细核算，铁芯重量由齿压板及机座整体承担。此种结构的优点在于拉紧螺杆不穿过铁芯，不会与其他部件形成通路，拉紧螺杆无需采用绝缘。

（6）定子铁芯磁化试验应符合有关标准的规定，应核算定子铁芯组装后定子的固有频率与磁化试验时$B=1T$的激磁频率，避免发生共振。在运行时铁芯应无明显蜂鸣声。

（7）定子线棒在出厂前应按GB/T 20833进行局部放电试验，供货方应提供局部放电试验方法、具体试验数量、批次和局部放电量标准等的详细说明供审查批准。

3.4.2.3 定子绕组

(1) 定子绕组采用对称绕组、单匝、双层，主引线和中性点引出线绝缘均应按额定电压（线电压）设计。

(2) 定子绕组导体应为电解铜，纯度不低于 99.9%。

(3) 定子绕组绝缘系统。

1) 定子绕组绝缘应采用符合 IEC 60034-1 规定的 F 级绝缘。

2) 定子绕组绝缘系统主要要三种类型：真空压力浸渍系统（vacuum pressure impregnation system，VPI）、真空液压多胶绝缘系统（vacuum pressure resin rich system，VPR）和多胶模压系统（resin rich system，RR）。

a) 真空压力浸渍系统（VPI）是先将少胶云母带缠绕在线圈上，随后将其放在真空压力罐里用无溶剂合成树脂浸渍，然后取出线圈进行加压固化。

b) 真空液压多胶绝缘系统（VPR）是先将在树脂中预浸渍的云母带缠绕到线圈上，用金属板固定线圈直线段，再将线圈放入真空罐进行真空加热干燥，然后在真空罐内冲入液体介质，并对液体加压加热使线圈绝缘固化成型。

c) 多胶模压系统（RR）是采用 F 级桐马环氧粉云母带连续包绕，并应用加热模压固化"一次防晕成型"工艺。

以上三种主绝缘体系如有成熟的蓄能机组的运行经验均可采用。如果绝缘体系属初期采用，除应确保其常规性能和老化寿命达到成熟体系的相应指标外，还应提供依据相关标准完成的电热老化和电老化试验报告。

3) 绕组还应具有良好的防电晕和耐电腐蚀性能，在槽部、端部等部位应采取防晕措施，并优选防晕材料。定子绕组的端部绝缘，应采用防晕层与主绝缘一次成型的结构和工艺。

(4) 定子绕组固定系统。

1) 定子绕组基本均采用立式嵌线方式。对可靠的绕组固定系统的基本要求是防止由于正常运行、突然短路、振动、冷热变换、频繁启停产生的机械力造成的高压绝缘损坏。目前固定系统大致有以下几种方式：

a) U 形槽衬结构。采用线棒表面包扎 U 形半导体槽衬的措施，确保线棒在定子槽内与定子铁芯配合严密，使线棒与铁芯单侧无间隙，以降低槽电位。设计保持线棒上的半导体防晕层与铁芯的整个槽形接触良好，确保线棒电晕屏蔽的连续性。线棒与槽形配合设计，能保证更换线棒时使线棒无损伤地放入槽内。同规格的定子线棒尺寸统一并具有互换性。所有槽垫片及材料均采用 F 级材料。线棒槽部固定采用槽楔和优质弹性波纹板在槽口内压紧，以保证发电电动机在各种运行工况下均能对线棒施加并保持较大的径向力，避免线棒松动和移位。槽楔确保对线棒施加均匀压力。

b) 线棒"裹包"系统。区别于 U 形槽衬结构的是线棒采用半导体硅胶的裹包下线技术，保证线棒绝缘不受损伤。"裹包"系统保证线棒和槽结合部位的持久的电气和机械性能。顶部波纹板和槽楔等其他设计与结构 a) 类似。

c) 弹性波纹板系统。该系统由顶部弹性波纹板结合侧面弹性波纹板组成。顶部弹性波纹板由层压的绝缘材料制成，侧面弹性波纹板由半导体材料制成。侧面弹性波纹板可以保证定子绕组的防晕层和定子铁芯可靠接触。弹性波纹板可以施加一个稳定的压力在槽内的线棒和垫片材料上，防止绕组在电磁力下发生移动，当有强槽电流发生时，线棒用侧面弹性波纹板固定，可以使线棒完全贴紧槽表面，以减少顶面弹性波纹板的机械应力。顶部波纹板和槽楔等其他设计与结构 a) 类似。

d) 半导体硅胶（Twinton）的线棒支撑系统。线棒槽内部分区域固化一层半导体硅胶，线棒用液压千斤顶压入槽内。硅胶的使用可以使线棒表面和槽壁之间的间隙为零。长时间运行后，如果线棒收缩，硅胶仍然能填充新的空间。为了保证槽内线棒的紧度，使用这种特殊的线棒支撑系统和高稳定性的硅胶材料是必要的。顶部波纹板和槽楔等其他设计与结构 a) 类似。

e) 弹性绕组固定系统（EWB）。定子线棒采用高级半导体硅胶安装在铁芯槽内。首先精确给定注入槽底的硅胶量，然后下层线棒放入槽里，再给定注入下层线棒窄边的硅胶量，然后放入层间垫条。此过程也同样适用于上层线棒。半导体硅胶和线棒固定在槽内后，线棒表面和硅胶之间及硅胶和槽壁之间牢固黏接；即使槽内有机材料有小的收缩，线棒也会牢牢固紧。此种结构不设顶部波纹板，槽楔、垫条等设计与结构 a) 类似。

以上 5 种结构在高转速、大容量的蓄能机组上均有所应用。应特别注意波纹板和槽楔的材质选择以及长期运行后的性能保证，并应定期检查、控制槽楔紧度，必要时需更换槽楔、弹性波纹板及对线棒进行必要的维护或更换。结构 d) 和结构 e) 由于采用了黏性的硅胶，在更换线棒时可能破坏线棒并可能造成线棒表面和槽内硅胶清理困难，而且注胶量很难精确控制，因此在有其他成熟且便于维护的结构可供选择时，不建议采用。

2）绕组的端部、槽口和连接线也应牢固地支撑和固定，并有可靠防松动措施，使之在频繁起动和各种工况下以及非正常运行情况下避开各种运行工况共振频率不产生松动、位移和变形。槽部和端部的支持结构，除要求有足够的机械强度外，还要求端部与齿压板等金属部件有足够的绝缘距离。定子绕组的端箍及支撑件应采用非磁性材料，并应具有应对线棒热膨胀的措施。所有的接头和连接应采用银-铜焊接工艺，接头处的载流能力不得低于同回路的其他部位。端部绝缘应采用环氧浇注成全封闭型。定子槽楔及垫条的绝缘等级应与定子主绝缘相同。

3）线棒在定子槽内与铁芯之间应紧密配合，在结构和工艺上应采取措施，其槽电位的实测值应小于5V。

4）定子线棒的固有频率应避开工频及其倍频，防止线棒端部绑线松动或磨损。

3.4.3 风洞

（1）风洞内的阀门、表计、开关应安装在便于操作和观察、不影响通道的部位。风洞内应确保空气冷却器外侧或其他设备（如管路、阀门等）与混凝土风洞壁间留有不小于700mm净宽的维护通道。

（2）风洞内应安装有润滑系统、冷却系统、通风系统、制动系统、灭火系统、测量和监测系统以及机座和机架等设施所需的钢支架、预埋件和连接件等，这些器件均应有足够的强度和刚度，以防有害振动的出现。风洞内处于交变磁场区域附近的金属连接材料应采用不锈钢或铝合金等非磁性材料。

（3）上盖板及其框架应有足够的刚度，并能承受 $3kN/m^2$ 的外部荷载。上盖板与机架之间应设防振隔声板。上盖板和防振隔声板应能分块拆卸。盖板的所有接缝处均应设置密封垫，紧固件必须有防松装置。

（4）下机架或下盖板的设计应能形成封闭的空气循环系统并便于定、转子下部及下部轴承等设备的维护、检修。

（5）风洞内应设置一定数量的凹式照明装置，照度应不小于100Lux。机组顶部应设置工况指示灯。

（6）风洞内应设置一圈与电站接地系统相连的接地铜排，风洞内所有金属件应连接并供货至该接地铜排。

3.4.4 转子

（1）转子应具有足够的刚度和强度，在飞逸转速时不应发生有害的变形，在任何工况下不得失去稳定，并应做到结构合理且具有良好的电磁性能和通风性能，各紧固件连接牢靠。制造厂应提供转子各部件的刚度、强度有限元计算分析和疲劳寿命报告；还应同时提供转子磁极各部件（如磁极线圈端部支撑块及压块的固定螺栓、金属压块、绝缘垫块、磁极间挡块及其固定装置、阻尼环和连接片的固定装置、磁极围带、磁极线圈与磁极铁芯间垫板、磁极线圈下托板与磁极铁芯焊缝等）各工况下（至少包括飞逸、发电甩100%负荷、抽水稳态水泵断电、热稳定运行后静止状态、电气制动过程中误强励、电机失步、两相或三相短路等）的应力及结构变形计算和定义运行条件下的疲劳寿命分析报告，核算设计结构下的线圈变形量。

（2）发电电动机本体转动部分应能满足飞轮力矩的要求，不得采用任何类型的辅助飞轮。发电电动机和水泵水轮机组装及过速试验完成后，应检查动平衡。

（3）转子支架应具有足够的强度和刚度，以承受各种工况运行中可能出现的扭矩、磁极和磁轭的重力矩、自身的离心力等。转子轮毂（或中心体）不允许采用分瓣结构。转子轮毂和支臂应采用铸钢或焊接钢板结构（轮毂优先采用铸钢）。若采用焊接结构，焊接后应进行退火处理以消除内应力。支臂型式的选定，应使其通风性能良好，风摩损耗最小。支架加工后，应严格保证轮毂内圆与支架外圆的同心度。对高转速机组，转子支架应优先采用短支臂整体铸造式结构。

（4）磁轭。

1）磁轭应采用有同类机组成功运行经验或经全面设计计算验证的可靠结构。磁轭结构型式，主要有叠片式和环板式两种。叠片式需要采取结构措施保证其整体性、同心性和圆度、且现场叠片工作量大。环板式在以上各方面正相反。选择时应同时考虑二者允许选用的最大周速值、磁极固定方式以及所用材料的屈服点。

2）叠片式磁轭应采取可靠措施确保磁轭叠片的压紧度、整体性和刚度。为能有效控制磁轭的倾斜度和波浪度，磁轭上下压板应有足够的刚度（厚度应大于20mm），磁轭下压板采用整圆结构。磁极连线的底座不宜设置在磁轭压板上。

3）环板式结构允许采用环形锻件或整体高强度环形钢板，钢板不允许进行拼焊。环板式磁轭在工厂内应进行整体预装检查，合格后才可出厂。磁轭结构应满足通风要求。

4）磁轭与转子支架宜采用径、切向复合键的连接结构。当采用非浮动式结构时，磁轭浮动转速至少在1.1倍额定转速。在任何工况和转速下，应保证转子的圆度、同心度及气隙的均匀度，且不使转子重心偏移而产生振动，并有效传递扭矩。

（5）磁极。

1）磁极应采用有同类机组成功运行经验的或经全面设计计算验证的可靠结构。

2）磁极的整体设计应能承受运行时的振动、热变形，飞逸时的离心力及电气短路、频繁启停等所产生的作用力，不发生变形、裂缝和滑动。

3）磁极结构优先选用完全向心式，且线圈的侧向固定优先采用围带式支撑结构或在极间安装支撑挡块，加强磁极线圈靠磁轭处的匝表面绝缘。线圈侧向固定结构还应同时提供拆装的专用工具。

4）磁极应采用双鸽尾、多T尾或类似的结构固定在磁轭上。磁极铁芯在工厂组装，应采用由拉紧螺杆紧固的高强度薄钢板，压板材料应采用锻钢。

5）磁极线圈应采用无氧硬铜排拼焊成型结构，其纯度不得低于99.95%，含氧量满足GB/T 5231《加工铜及铜合金牌号和化学成分》的要求。铜排形状设计时应考虑增大散热面，线圈的绝缘等级为F级。

6）磁极线圈接头结构及极间连接应十分可靠，采用柔性连接或其他抗疲劳结构，接触面应镀银，电流密度不大于$2.5A/mm^2$。磁极连接线如采用带倒角的铜排，则应采用整板加工的一体铜排，不应采用拼焊成型结构。极间连接线截面积应大于绕组铜排截面积，并应有防松动措施，且便于拆卸和检修。磁极连接线连接部位宜镀银处理，磁极连线接触面坚固螺栓不应少于3个，且不宜一字形排列。磁极连接线在磁轭与磁极上均设有固定点时，应在连接中设计补偿装置，以吸收磁极及磁轭的相对位移和振动产生的拉伸应力。

7）磁极线圈连接结构应高度重视其机械可靠性，各种结构不但应进行运行时的振动、热变形、飞逸时的离心力及电气短路等所产生的作用力的相关计算，还应进行离心加速度等相关试验。

（6）阻尼绕组。

1）转子上应装设纵、横阻尼绕组。用银铜焊将阻尼条与阻尼环连接紧固。阻尼环间采用多层紫铜片制成的连接片进行柔性连接，用螺栓紧固，应有防止振动、变形及飞逸转速而引起故障的措施。

2）阻尼绕组及其连接支撑应安装牢固，以防由于振动热位移及飞逸转速下的应力而造成机械故障。

3）阻尼绕组应具有承受短路和不平衡电流的能力。

3.4.5 主轴

（1）发电电动机轴应采用优质碳素钢或合金钢锻制成。

（2）轴应具有足够的强度和刚度，能够承担正常工况和特殊工况下作用于轴上的各种扭矩和力，并使轴的应力、挠度和摆动等均在允许范围之内。

（3）轴转动系统分析。

应有包括上端轴和全部轴承和所有过荷载在内的机组轴系的动态稳定、刚度和临界转速的分析报告。该分析将论证正常工况和暂态工况下，所有轴承、支撑件和建立的油膜是完好的，机组动荷载频率、水泵水轮机流道压力脉动和卡门涡频率、输水钢管中的压力脉动频率、电网频率等与机组部件的固有频率不应产生共振。

（4）发电电动机的主轴应经过锻压加工和时效，机械加工后技术要求应符合如下规定：

——导轴承轴颈外圆允许差值小于0.03mm；

——配合面及止口允许差值小于0.02mm；

——法兰端面垂直度允许差值小于0.02mm。

（5）轴加工完成以后应按JB/T 1270和ASTM A388的规定进行超声波的检查，并应进行形状偏心和质量偏心检查，检查结果应符合有关标准要求。

（6）轴在消除应力后进行精加工，内外表面在最后一道机械加工后必须同心。主轴的径向跳动量及容差应不超过ANSI/IEEE-810的允许值。

（7）轴应在方便摆度调整测量的位置表面抛光。轴的中心应开一个直径不小于15cm的通孔并加工到足够光滑，以便检查主轴的内部质量。

（8）转子引线应采用可靠的方式固定在主轴上，接触面电流密度不得超过$0.25A/mm^2$。不应采用穿轴铜螺杆结构。

（9）轴线的校正。

在出厂前应在工厂对水轮机、发电机主轴进行检查和校正，并一起同轴校验、联调，不允许在现场进行整轴校正（包括各连接面）。现场组装后，应满足不进行轴线修正就可投入运行的要求。主轴的摆动公差及主轴联接后轴线的校正，应符合 ANSI/IEEE-810 的要求。

3.4.6 集电装置

（1）集电装置由集电环和电刷装置组成。集电环应安装在转子上方便观察和维护且无油雾和灰尘污染的位置，并有单独罩子保护。

（2）集电环应采用高抗磨材料，并配置碳粉吸收装置。应采取措施防止通风回路内碳粉环流对定、转子绕组的污染。集电环环间净距不小于 60mm。

（3）集电环刷握应沿正负集电环的圆周方向上、下交错布置，以防止碳粉引起短路，并预留合适数量的刷握。碳刷的寿命不小于 3500h，应采用插拔式结构及恒压弹簧式刷盒。集电环及引线的全部绝缘材料应耐油、防潮。每只电刷的引线应采用不少于 2 根镀银编织铜线。

（4）励磁回路导体截面至少应是能承受最大励磁电流所需截面的 130%。从发电电动机转子集电环引至励磁柜的励磁回路导体采用电缆，且不允许有中间接头。

（5）为了转子和轴在起吊时能方便地套入平衡梁的套环，集电装置应易于进行拆卸和安装。

（6）应在主轴适当位置上安装一套用于连接励磁接地探测器或转子接地故障保护装置的电刷装置。

（7）电缆接头与集电环的接触面电流密度不得超过 $0.25A/mm^2$，以防止由于氧化和两种金属长期接触的电腐蚀作用而导致接触电阻增大和局部过热。

（8）每个集电环的碳刷数和电缆接头数应大于两个，以防止由于碳刷接触不良或接头松动导致机组失磁。

（9）集电环及碳刷绝缘值应大于 5MΩ。

（10）集电环室通风量与碳刷及集电环发热量应进行匹配计算，应在防护罩内设置电机驱动风扇和过滤器。

3.4.7 推力轴承及导轴承

3.4.7.1 一般要求

（1）发电电动机可采用悬式（或半伞式）结构，转子上、下部各设一个导轴承，可采用推力轴承与导轴承合一布置的方案。轴承结构应便于安装、维护和检修。

（2）轴承和轴承支架应设计成在轴承的油温不低于 10℃时，允许发电电动机起动，并允许机组在停机后立即起动和在事故情况下不制动停机。

（3）当轴承油冷却器冷却水中断时，应允许机组在最大负荷下运行 10min，推力轴承和导轴承不应有任何损坏，轴承温度不应超过最高允许值。

（4）推力轴承和导轴承油槽应有防止油的过分搅动和分解以及消除油雾逸出、甩油和漏油的有效措施，且在运行中不应出现甩油和油雾逸出现象。

（5）应采取必要的措施来防止轴电流对推力轴承和导轴承的危害。为了测量轴电流，应设有一套轴电流保护装置（包括套于大轴上的特殊专用电流互感器），保护分两段，低定值延时动作于信号，高定值延时动作于停机。轴电流互感器的测量精度应不低于 0.5 级。

（6）轴承的结构设计应在单个油冷却器和单个轴瓦需要拆卸时，不应拆卸整个轴承、其他冷却器和轴瓦。

（7）供货商应提供机组在各种运行条件下和典型转速点的推力轴承及导轴承油膜厚度、压力、轴承受力和强度等计算报告，优选推力轴承高压油室的型式。

（8）推力轴承瓦和导轴承瓦出厂验收时应进行全面的性能试验和无损检测，巴氏合金瓦应对成品瓦的合金成分、硬度、金相组织进行检测，其结果应满足相关标准要求。

3.4.7.2 推力轴承

（1）推力轴承应设计成能承受发电电动机和水泵水轮机转动部分的总重量和水泵水轮机转轮的最大水推力的综合负载。

（2）推力轴承的支撑结构应具有弹性，能向推力瓦提供扩散和均匀的支撑，并使其具有平衡瓦间负荷的能力。支撑结构可采用弹簧族、弹性油箱等可靠的在高转速蓄能机组有运行业绩的结构，不允许采用弹性垫方式。

（3）推力轴承瓦采用巴氏合金瓦，结构型式应使瓦的热变形和机械变形最少（但不应采用水冷瓦结构）。瓦的结构和几何形状应保证在机组在正、反两个方向旋转时均易形成油膜，并有利于减少油的紊流和防止产生气泡。推力轴承结构应使各推力瓦负荷分布均匀，温差不大于 5℃。推力轴承的结构和布置应能在顶起转子、卸除轴承负荷时，在不干扰转子、定子或轴承架条件下，便于轴瓦的检查、调整、拆卸、更换和组装。

（4）巴氏合金应紧密地固定在轴瓦上，并应经超声波检查，以确定其黏度达 100%。

（5）推力轴承冷却循环方式在机组转速为375r/min及以上时应采用外加泵外循环方式。此时推力轴承应配有两台电动油泵（配有50Hz、三相、380V异步电动机），其中一台工作，另一台备用，并应能自动切换。

（6）推力轴承应配有高压油顶起装置，正常运行时，供机组起动、停机时自动向轴承表面注入高压油。

（7）推力轴承应能在最大飞逸转速情况下至少运行5min。

（8）在下列工况下，推力轴承应能在高压油顶起装置未投运的情况下安全运行而不损坏：

1）在50%～110%额定转速范围内连续运行；
2）在10%～50%额定转速范围内至少运行30min；
3）在事故情况下不制动完成停机的全过程。

（9）推力头应具有足够的强度和刚度，在轴向力作用下不应产生有害的变形和损害。

（10）镜板在精加工前应进行锻压加工，并经足够的时效（调质），加工完成后的镜板应无任何缺陷，加工技术要求应符合相关标准规定。

3.4.7.3 导轴承

（1）导轴承应为油浸、自润滑、可调的分块巴氏合金瓦，在两个旋转方向都有相同特性。

（2）导轴承结构应设计成能承受各种运行工况下加于它的径向机械和电磁不平衡力。

（3）导轴承的结构设计应满足以下要求：

1）具有足够的油膜厚度，油路循环畅通，满足润滑冷却的要求；
2）静止油面在导轴承瓦轴向长度1/2以上；
3）导轴承工作面的粗糙度不应大于$0.8\mu m$；
4）导轴承支撑方式优先采用球面支撑，确保导轴承瓦在径向和切向调整灵活。

3.4.8 机架

（1）承重机架应能承受水泵水轮机/发电电动机的所有转动部分的重量和水泵水轮机最大水推力的组合轴向荷载，并应能与导轴承支架一起安全地承受由于水轮机转轮引起的水力不平衡力、绕组短路及半数磁极短路引起的不平衡力，且不发生有害变形。在最大轴向负荷时，承重机架的最大垂直挠度值应不大于GB/T 7894第9.12节的规定。

（2）下机架的设计尺寸，应使其能通过定子内径吊出。上机架应设计成不需要取出集电环就可以取出上导轴承和油冷却器。

（3）上机架应采用适应热变形的结构。

（4）上机架的径向支撑结构设计应保证轴系在上导轴承处有足够的刚度，并应能满足在事故情况下（半数磁极短路，发电机出口短路时）发电电动机的稳定性要求，尽可能地将单边磁拉力的径向力转变为切向力传至风洞混凝土围墙，或采用联合受力的方法，既能保证机组稳定又能尽可能少地将径向力全部传至风洞混凝土围墙。

（5）上、下机架的结构应能承受各种运行工况的应力而安全运行，应为轴承、制动器等的维修提供足够的空间和方便的通道。

（6）下机架设计应允许设置水泵水轮机机坑环形吊轨。

3.4.9 冷却系统

3.4.9.1 通风冷却系统

（1）通风冷却系统优先采用无外加电动风机的径、轴向通风方式。通风冷却系统应做到冷却效果好、效率高、噪声低。挡风板支撑材料要求用非导磁材料，并要求方便拆卸以便于检查线圈，定转子上侧挡风板还应采用防止螺栓等紧固件因松动或过热熔断而落入旋转区的防护结构。

（2）空气冷却器及冷却水系统。

1）空气冷却器。

a）空气冷却器冷却容量的设计裕度应不小于115%。有一台冷却器退出运行后，机组运行时电机各部位温升仍不超过允许的温升限值。

b）空气冷却器应采用高导热、耐腐蚀的紫铜、铜镍合金或不锈钢无缝管材料，冷却器连接的供、排水管路采用不锈钢材料，端盖应采用不锈钢材料和无法兰结构。集水箱的上、下盖板应设计成可拆卸的，且不影响管路连接。

c）冷却水源取自厂内技术供水系统，冷却器应按1.5倍设计压力进行耐压试验，历时30min，然后将压力降到设计压力，保持30min。冷却器进出口之间的压降不得超过0.1MPa。

2）冷却水系统。

a）空气冷却器的冷却水系统应设有总的供排水环管（布置在风洞内）及

阀门。与空气冷却器相连的供排水管路阀门应采用不锈钢材料。冷却系统管路应有隔热设施。

b）冷却水系统的排水管应装有带电触点的压力开关、示流信号计、温度传感器和其他必需的仪表和测量装置。

3.4.9.2　轴承润滑油冷却系统

油冷却器应满足以下要求：

（1）应设计足够的冷却容量并考虑适当的裕度，对于（强迫）外循环冷却方式，冷却器数量应按 N（正常）+1（备用）设计。

（2）油冷却器应采用高导热、耐腐蚀的材料，对油的阻力小，冷却效率高，安全可靠，体积小，维修方便。油冷却器及其配件应保证不渗漏水和油。

（3）推力轴承应优先选用外循环冷却器，冷却器容量配置应满足在一台冷却器退出运行时机组在额定工况下安全连续运行而推力轴承的温度不超过允许保证值。冷却器及其管路布置应满足占用空间小和便于维修的要求。

（4）推力外循环冷却器应优先采用板式冷却器。冷却水源取自厂内技术供水系统，冷却器应按 1.5 倍设计压力进行耐压试验，历时 30min，然后将压力降到设计压力，保持 30min。冷却器进出口之间的压降不得超过 0.1MPa。

（5）油冷却器应能防止沉淀物的堆积，并便于检修和清洗。各部件拆卸复位不需拆卸整个轴承。

3.4.10　润滑系统

（1）油槽的油量，应按在额定工况运行时油冷却器冷却水中断 10min 时的轴瓦允许温升确定。

（2）轴承油槽应密封良好，应配置强制油气分离的静电式油雾吸收装置。油槽焊缝应经无损探伤合格。油雾吸收装置的管路应采用金属软管。

（3）高压油顶起装置。

1）高压油顶起装置应能在机组起、停机时向轴承表面注入高压油，当机组发生蠕动时该装置应自动投入。高压油泵应在机组启动前启动，在机组达 80％额定转速时关闭。在机组停机过程中，当转速下降至 80％额定转速时，应启动高压油泵，并在机组完全停转后 30s 关闭。上述操作应能自动进行。

2）每套高压油顶起装置配两台高压油泵，一台交流（50Hz、三相、380V）和一台直流（220V 直流）互为备用，自动切换。直流油泵的配置和容量选择应满足黑起动工况下直接起动机组的要求，供货商应提供高压油顶起装置（含油泵）的选型设计方案供审查批准。

3）高压油顶起装置应有轴承表面油泄漏的保护闭锁装置、顶起装置、过油压保护装置及其他保护闭锁措施。轴瓦上的高压油室应不影响轴承的正常润滑。连接用的高压管路（包括软管及附件），应能承受不小于 1.5 倍的设计压力并历时 30min，并应配有逆止阀，以防止正常运行时油的倒流。油过滤器应能过滤直径大于 1/2 轴承油膜厚度的微粒。

4）高压油顶起装置应采用立体分层布置在柜内。

3.4.11　制动停机系统和转子顶起装置

3.4.11.1　一般要求

（1）每台发电电动机应配有一套电制动装置和一套机械制动装置。两套装置应能联合使用并允许单独使用。

（2）正常制动时，当转速降至 50％额定转速时投入电气制动装置（如有需要，也允许在额定转速及以下的任何转速时投入），当转速降至 5％～10％额定转速时投入机械制动装置，直至机组完全停机。

（3）无论采用哪种制动停机方式，都应满足以下基本要求：

1）机组正常运行时不应发生误动作；

2）具有必要的保护和闭锁措施；

3）可实现现地和远方操作；

4）停机时间满足工况转换时间要求。

（4）制动气源取自低压压气系统。

（5）制动装置设计时，应考虑能在水泵水轮机的导叶漏水产生 1.5％额定转矩的情况下正常制动停机。

3.4.11.2　机械制动装置

（1）机械制动装置单独使用时，在正常情况下，应能使机组在规定时间内从 20％额定转速降至零；在紧急情况下，应能使机组在规定时间内从 30％额定转速施闸至完全停止旋转。

（2）该装置的设计应满足连续制动停机过程中制动环表面不损伤并应防止制动环热变形的要求。制动环应采用耐磨、耐热材料，表面应考虑分块易于拆卸和更换。制动环在制动过程中不应产生有害于人体的化学物质。

（3）制动器应采用气压操作型式。制动器应能在 0.5～0.7MPa 气压下可靠工作，密封良好，能承受正常工作压力，并能在气压消失后使活塞迅速复位。

（4）制动瓦应便于拆卸和更换，材料应耐磨、耐热、坚硬而不会开裂。摩擦时不产生有害人体的物质和粉末。不允许采用石棉制品。制动瓦应牢固地固定在制动器活塞上。正常运行条件下制动瓦的使用寿命不应低于5年。

3.4.11.3 电气制动装置

（1）电制动停机时励磁电源取自励磁变压器。

（2）电制动停机时控制逻辑等的要求由发电电动机设计整体协调。

3.4.11.4 转子顶起装置

（1）每台发电电动机应配有一套液压顶起装置，用以顶起机组转动部件。

（2）顶起装置顶起高度应满足便于检查或检修推力轴承的要求，应设置限位开关等保护闭锁装置，使其不得超过机组的允许顶起值。顶起装置上应设置机械锁定，以保持转子在顶起的位置上而无需连续保持液压。

（3）移动式高压油泵由交流电动机（位于泵座上的油箱旁）驱动，所有设备应安装在一个带万向轮的公共底座上。

（4）供油系统应设置环管，接至环管的供油管道上应设置高压阀门。管路系统应保证使用压力油顶起转子及油压撤除后，制动气缸和管路中无积存残油。

3.4.11.5 粉尘收集系统

（1）每台发电电动机应设置粉尘收集系统。粉尘收集系统应包括制动吸尘和集电环吸尘。

（2）粉尘收集系统应包括用于收集制动瓦上磨下来的微粒的静电过滤器、吸风机以及所有必需的风管、风道、仪表和控制装置。粉尘收集系统的管路应采用金属软管。

（3）控制装置能手动操作和自动控制粉尘收集系统运行。

3.4.12 灭火系统

（1）每台发电电动机配置一套水喷雾灭火装置或其他可靠的灭火装置。设备应满足国家有关消防要求。

（2）该套装置应设有自动控制、手动控制和应急操作三种控制方式。灭火主阀安装在靠近发电电动机风洞外便于操作的位置。机组火灾报警控制箱电源采用交流220V保安电源供电，并配有直流备用电源，电源容量至少应能满足装置工作2h的需要。机组火灾报警控制箱上应设有雨淋阀"手动/自动"切换开关，用于控制报警控制器的输出。

（3）报警控制器应采用双总线方式与各探测器连接。所供的感烟探测器、感温探测器或其他形式的探测器应能抗电磁干扰。

（4）报警控制器应设有自检功能，自动检测装置、探测器、电源等是否发生故障。信号应有两副独立的电气触点，分别引至全厂火灾报警控制系统和机组现地控制单元（LCU）。

3.4.13 绕组终端

3.4.13.1 概述

（1）发电机定子主引出线应采用成型线电压级全绝缘铜母线。

（2）发电机定子绕组末端应在机坑内连成中性点后采用电力电缆或铜排引出（并配置必要的、合适的软连接和支撑装置）。

（3）主引线至端头应有三个分开绝缘的引出端。在风洞内有可拆卸的连接装置。

（4）中性点引线应按相分组，出线数目应与分支数相对应，以满足电流互感器安装的需要，各分支引线应分开包绝缘。

（5）为防止机坑风罩内的钢构和钢筋发热，应设置机坑内主引出线和中性点引出线的磁屏蔽措施。

（6）所有用螺栓作连接的铜制连接表面（包括与封闭母线的连接面）均应镀银，镀银层厚度应大于12μm。

3.4.13.2 主、中性点引出线

（1）中性点引出线固定件应能承受峰值耐受及短时耐受电流。

（2）中性点电流互感器的配置应满足发电机-变压器组继电保护和电气测量的要求。中性点引出线的设计应考虑能方便地安装和拆卸电流互感器。中性点电流互感器（TA）和离相封闭母线（IPB）内TA要求使用同一个厂家。

（3）在发电机机坑内主引出线和中性点引出线均应装有方便可拆卸的铜软连接接头，断口间应有不小于300mm的间距。每相主引出线和中性点引出线均应按分支引出。在机坑内引出线及可拆卸连接头四周应设置可拆卸的非磁性材料保护网。

3.4.14 中性点设备

（1）发电电动机中性点采用接地变压器接地或消弧线圈接地方式。

(2) 中性点接地装置应设计为当发电机发生单相接地故障时，保证在定子绕组一点接地继电保护的配合下，在尽量短的时间内切除故障，以防止定子铁芯受损害。接地装置的接地运行时间按1min设计，接地装置应符合NB/T 35067—2015《水力发电厂过电压保护和绝缘配合设计技术导则》的要求。

(3) 应对发电电动机内部短路电流进行全面详细的分析计算，并在此基础上进行发电电动机主保护的定量化设计，验算和优化形成机组保护的最佳方案。

(4) 中性点接地装置应安装在同一封闭的金属柜体内，具有防潮、防腐蚀、防振措施。中性点接地装置应可靠性高、热容量大、占用空间小。

(5) 中性点接地装置柜体的钢板厚度应大于2.5mm，柜体应整体热镀锌后里外均喷塑，柜体上应设有起吊用的吊耳，应有两处引出接地端子与电站接地网相联接。

(6) 中性点引出线与中性点接地装置间的连接采用硬铜排或电缆。

3.4.15 测量及监测系统

3.4.15.1 一般要求

(1) 发电电动机自动化设备配置应满足机组各种运行工况及工况转换时发电电动机的监测和控制要求，确保发电电动机在各种运行工况及工况转换过程中安全、可靠和稳定运行。

(2) 发电电动机自动化设备应能配合电站计算机监控系统实现现地手动、现地自动和远方自动控制及数据采集要求。各设备的控制屏柜应能实现现地手动和现地自动控制，接受远方信号并能实现远方控制，屏柜上还应有完善的监测显示表计；控制信号、事故和故障信号、采集的数据应发送给电站监控系统。发电电动机自动化设备控制系统应采用满足与电站计算机监控系统通信要求的PLC，PLC至少应提供两个数字通信接口，一个作为编程调试接口，另一个用于与电站计算机监控系统进行通信，采用现场总线方式，通信介质采用光纤。对于涉及安全运行的重要信息、控制命令和事故信号还需通过硬布线I/O直接接入机组LCU。

(3) 发电机端子箱应为前开门、密闭、防尘、防潮、自支承立式或壁挂式结构，便于接线，端子排列整齐，强弱电信号用的端子和电缆分开。

(4) 发电电动机自动化设备中的电磁液压阀应采用双线圈两位电磁阀。电源采用直流$220V_{-20\%}^{+10\%}$，每个电磁阀应有不少于2对常开和2对常闭辅助触点，辅助触点应是无源触点并互相独立。

(5) 输入电站计算机监控系统的模拟信号采用4~20mA，并采用屏蔽电缆，测温电阻采用铂制电阻，0℃时的阻值为（100±0.1）Ω，采用三线制。

3.4.15.2 温度监测

(1) 需要测量温度的部位应埋设电阻型感温元件（RTD），其0℃阻值为100±0.1Ω。应采用高性能芯片式铂电阻元件，一体式结构整体设计。

(2) 铂电阻元件、传感器内部引线、外部电缆的三者间连接必须采用激光焊接工艺，封装采用铠装结构。测量精度达到IEC 751、JB/T 8622 A级。

(3) 温度传感器引线采用耐油耐温屏蔽电缆，且屏蔽层外有耐油耐温护套层。传感器电缆芯线材质为镀银铜线。电缆在80℃的透平油中最少工作5年。电缆采用大于95%的网状镀锡铜屏蔽编制。电缆芯线每线间的阻值差小于0.2Ω/100m。

(4) 油槽中的感温元件应采用密闭式油槽出线装置，油槽中的测温电阻引线从油槽壁上集中引出，直接接到现地端子箱上，中间无接头，引出部位加装盖板，以保护电缆。

(5) 测温元件引出线应引至发电电动机风洞内的发电电动机端子箱端子排上，然后由端子排引出至机组LCU供计算机监测（RTD模块）使用。

(6) 电阻型感温元件配置部位及数量（一台机）如表3-2所示，埋设的感温元件应能反映该部件发电工况和电动工况运行的最高温度。

表3-2 感温元件配置部位及数量

序号	部件名称	埋设位置	数量（个）	备注
1	定子绕组	每相每支路（定子线棒的上部、中部和下部）	每相每个并联支路6个	分上、中、下布置，双支型
2	定子铁芯	定子铁芯槽底或铁芯轭部外缘（均布）	0.08个/槽，共16~24	均匀布置，双支型
3	定子铁芯齿压板	上下端齿压指（均布）	0.04个/槽，上下端各8~12	双支型

续表

序号	部件名称	埋设位置	数量（个）	备注
4	空气冷却器	每个空气冷却器出风口	1	测量冷风
		每个空气冷却器进风口	1	测量热风
		每台发电电动机 2 个空气冷却器出风口	各 1 个信号温度计	对称分布，测量冷风
		每台发电电动机 2 个空气冷却器进风口	各 1 个信号温度计	对称分布，测量热风
		每个空气冷却器出水支管	1	测量出水温度
		空气冷却器供、排水总管	各 1	相应的一次仪表配置见技术供水系统图
5	推力轴承	每块推力轴承瓦	2	埋设位置应分别能测出发电、电动工况最热点温度
		油槽	4	冷、热油各 2 个，埋设位置应分别能测出油槽内冷、热油温度
		油冷却器进、出水总管	各 1	相应的一次仪表配置见技术供水系统图
		油冷却器进、出油管	各 1	适用于外循环冷却系统
6	上导轴承	每块上导轴承瓦	2	对称瓦中心分布
		油槽	4	冷、热油各 2 个，埋设位置应分别能测出油槽内冷、热油温度
		油冷却器进、出水总管	各 1	相应的一次仪表配置见技术供水系统图
		油冷却器进、出油管	各 1	适用于外循环冷却系统
7	下导轴承	每块下导轴承瓦	2	对称瓦中心分布
		油槽	4	冷、热油各 2 个，埋设位置应分别能测出油槽内冷、热油温度
		油冷却器进、出水总管	各 1	相应的一次仪表配置见技术供水系统图
		油冷却器进、出油管	各 1	适用于外循环冷却系统

注 对推导合一的组合轴承油槽，可根据结构需要，埋设 4～6 个测油槽油温的电阻温度计。

3.4.15.3 压力监测

（1）带信号触点压力计配置。高压顶起装置、机械制动系统、转子顶起装置应装有可现场显示并带模拟量输出至监控系统的压力计，如表 3-3 所示。

表 3-3　　　带信号触点压力计配置部位及数量

序号	压力计装设部位	数量（只）	备注
1	高压顶起装置	1	带信号触点
2	机械制动系统	3	带信号触点
3	转子顶起装置	1	带信号触点

（2）压力计配置。至少在表 3-4 中的设备应装有压力计。

表 3-4　　　压力计配置部位及数量

序号	压力计装设部位	数量（只）	备注
1	灭火装置	2	雨淋阀前、后各 1 只
2	制动停机、顶起装置	2	
3	推力轴承冷却器润滑油入口	1	若采用推力外循环冷却时
4	推力轴承冷却水总管进出口	各 1	
5	推力轴承冷却水支管进出口	各 1	

续表

序号	压力计装设部位	数量（只）	备注
6	上导轴承冷却水总管进出口	各1	
7	上导轴承冷却水支管进出口	各1	
8	下导轴承冷却水总管进出口	各1	
9	下导轴承冷却水支管进出口	各1	
10	每台空气冷却器冷却水进口	1	
11	每台空气冷却器冷却水出口	1	

3.4.15.4 油位监测

每个轴承油槽应设置带信号触点的油位计和油位传感器，信号送电站计算机监控系统。油位计应有一对高油位和一对低油位电气触点。每对触点动作油位应是独立可调的。在每个轴承油槽均应设置油混水检测装置，每个装置带有两个电气独立的触点，供电站计算机监控系统使用。

至少在表 3-5 中的设备应装有油位计。

表 3-5　　　　油位计配置部位及数量

序号	油位计装设部位	数量（只）	备注
1	上导轴承油槽	1	应有一对高油位和一对低油位电气触点，每对触点动作油位应是独立可调的
2	下导轴承油槽	1	
3	推力轴承油槽	1	

至少在表 3-6 中的设备应装有油位传感器。

表 3-6　　　　油位传感器部位及数量

序号	油位传感器装设部位	数量（只）	备注
1	上导轴承油槽	1	
2	下导轴承油槽	1	信号送电站计算机监控系统
3	推力轴承油槽	1	

至少在表 3-7 中的设备应装有油混水检测装置。

表 3-7　　　　油混水检测装置部位及数量

序号	油混水检测装置装设部位	数量（只）	备注
1	上导轴承油槽	1	每个装置带有两个电气独立的触点，供电站计算机监控系统使用
2	下导轴承油槽	1	
3	推力轴承油槽	1	

3.4.15.5 流量监测

发电电动机应配置监视冷却水和外循环油（若采用外循环冷却时）的示流信号器及流量变送器。示流信号器应设能反映水流、油流正常和流量过小的两对独立可调的电气触点。流量变送器应带现地显示，信号送电站计算机监控系统。

至少在表 3-8 中的设备应装有流量监测元件。

表 3-8　　　　流量监测元件部位及数量

序号	流量监测元件装设部位	数量	备注
1	轴承冷却器润滑油出口	各1只	流量变送器，（如采用外循环冷却）
2	推力轴承冷却水出口	1只	流量变送器
3	上导轴承冷却水出口	1只	流量变送器
4	下导轴承冷却水出口	1只	流量变送器
5	每台空气冷却器冷却水出口	1只	示流信号器
6	发电机冷却水出口总管	1只	流量变送器

3.4.15.6 振动摆度测量和保护

机组振动、摆度和大轴轴向位移的机械保护功能应包括上、下导轴承 X、Y 向摆度，上、下机架 X、Y、Z 向振动，定子铁芯振动，定子机座振动，大轴轴向位移。

3.4.16 空间加热器

（1）风洞内应设置足够数量的空间加热器，以保证机组在停机后发电电动机绕组及相关部件干燥、不结露。应配置风洞内温度、湿度传感器及外部环境温度传感器，用于控制空间加热器的启停。

（2）空间加热器运行时应保证不损坏发电电动机绝缘和其他任何部件。

（3）空间加热器应采用不锈钢材质，不允许刷漆。

（4）空间加热器应能保持机组风洞内温度高于环境温度5K,当机组投运时该加热器应能自动切除。

第4章 主 变 压 器

4.1 主变压器选型原则

变压器的选型，应以变压器整体的可靠性为基础，综合考虑技术参数的先进性和合理性、经济性。

本通用设计适用于500kV主变压器，330kV、220kV或其他电压等级的主变压器可参考本设计思路，并依据相应的规范进行设计。

4.1.1 型式

主变压器型式应优先选用三相变压器，若因运输条件限制，可采用单相变压器组、组合式变压器或现场组装变压器。当选用单相变压器组时，宜设置备用相。

4.1.2 额定电压

主变压器低压侧额定电压与发电电动机额定电压一致，通常为13.8kV、15.75kV、18kV及20kV，主变压器高压侧额定电压根据系统要求确定。

4.1.3 调压方式和调压范围

主变压器宜选用无励磁调压变压器。主变压器调压范围的确定，应充分考虑机组的调压能力，当电力系统需要的调压范围较大时，宜采用增大机组调压范围的方式。

4.1.4 额定容量

主变压器额定容量应根据机组发电工况输出的额定容量或电动工况输入的额定容量，以及相连接的厂用电变压器、启动变压器、励磁变压器等所消耗容量的总和确定。额定容量宜按GB/T 6451等相关标准，优先采用GB/T 321中的R10优先数系。匹配250MW、300MW、350MW、375MW、400MW的发电电动机组，主变压器容量通常选择300MVA、360MVA、420MVA、450MVA以及480MVA。

4.1.5 短路阻抗

短路阻抗的选择需从电力系统稳定、短路电流、继电保护等方面进行综合考虑，双绕组变压器宜按GB/T 6451的规定选择，短路阻抗通常为14%～16%。

4.1.6 联结组别

主变压器的联结组别应采用YNd11。

4.1.7 冷却方式

主变压器冷却方式应选用强迫油循环水冷。

4.1.8 损耗

主变压器的损耗应符合GB/T 6451的规定，并可根据设备制造水平适当提高要求。在机组停运的情况下，主变压器也通常挂网空载或轻载（带厂用变压器、SFC等）运行，因此应尽可能降低主变压器的空载损耗。

4.1.9 绝缘水平

主变压器的绝缘水平应满足运行中各种过电压与长期最高工作电压作用的要求，并符合GB 1094.3的规定。当变压器与GIS联接时，应考虑GIS中的隔离开关操作产生的特快速瞬变过电压（VFTO）对变压器绕组绝缘水平的影响。

4.1.10 运输

主变压器运输过程中应加装三维冲撞记录仪。电站内不设置主变压器运输轨道，由制造商负责将主变压器运输至指定的安装位置，基础就位。

4.1.11 智能主变压器要求

配置主变压器设备智能管控平台，通过监测包括但不限于油中气体和糠醛值、局部放电量、负荷电流、铁芯/夹件的接地电流、套管泄漏电流、直流分量、变压器温度、油水渗漏等信息，并对采集的信息进行综合分析、智能诊断、设备控制、故障预警，实现与上一级数据中心信息的交互，实现不同系统间的联动。

4.2 设计标准、规程规范

主变压器所采用的主要标准包括但不限于：

GB/T 1094.1　　电力变压器　第1部分：总则

GB/T 1094.2　　电力变压器　第2部分：液浸式变压器的温升

GB/T 1094.3　电力变压器　第 3 部分：绝缘水平、绝缘试验和外绝缘空气间隙

GB/T 1094.4　电力变压器　第 4 部分：电力变压器和电抗器的雷电冲击和操作冲击试验导则

GB/T 1094.5　电力变压器　第 5 部分：承受短路的能力

GB/T 1094.7　电力变压器　第 7 部分：油浸式电力变压器负载导则

GB/T 6451　油浸式电力变压器技术参数和要求

GB/T 17468　电力变压器选用导则

JB/T 8637　无励磁分接开关

IEC 61639　额定电压 72.5kV 及以上气体绝缘封闭开关设备与电力变压器之间的直接连接

4.3 主要技术参数

主变压器的主要技术参数如表 4-1 所示。

表 4-1　主变压器主要技术参数表

名称	单位	参数
额定电压	—	—
高压绕组	kV	500kV 级
低压绕组	kV	13.8、15.75、18…
额定频率	Hz	50
额定容量	MVA	300、360、420、450…
相数	—	三相
调压方式	—	无励磁调压
调压位置	—	高压侧中性点端
调压范围	—	±1×2.5%、±2×2.5%…
中性点接地方式	—	直接接地
短路阻抗	%	14～16
冷却方式	—	OFWF 或 ODWF
联结组标号	—	YNd11
绝缘水平		

续表

名称	单位	参数
雷电全波冲击电压（峰值）	—	—
高压端子	kV	1550
低压端子	kV	125
中性点端子	kV	185
雷电截波冲击电压（峰值）	—	—
高压端子	kV	1675
低压端子	kV	140
操作冲击电压（峰值）	—	—
高压端子（对地）	kV	1175
短时工频耐受电压（方均根值）	—	—
高压端子	kV	680
低压端子	kV	55
中性点端子	kV	85
温升限值	—	—
顶层油	K	50
绕组（平均）	K	65
油箱、铁芯及金属结构件表面	K	70
绕组热点	K	78
空载电流	%	≤0.15
空载损耗	kW	120、140、170、180
负载损耗（额定容量、75℃、不含辅机损耗）	kW	720、850、950、1020
效率在额定电压、额定频率、主分接的效率，换算到 75℃，功率因数＝1 时（当空载损耗或负载损耗未提出要求时，需列出该要求值）	%	≥99.7
噪声水平	dB（A）	≤70

4.4 技术要求

4.4.1 变压器主要部件的结构型式及技术要求

变压器主要部件的结构型式及技术要求如表 4-2 所示。

表 4-2　　　　　　　　　　　　　　　　　变压器主要部件的结构型式及技术要求表

序号	项目	结构型式及技术要求
1	铁芯	1. 铁芯应采用优质、无时效、晶粒取向、高磁导率、低损耗、经激光照射或等离子处理的冷轧硅钢片，用先进方法叠装和紧固。 2. 硅钢片厚度应不大于 0.27mm。 3. 硅钢片比损耗（$B=1.7$T 时）应不大于 0.9W/kg。 4. 适当位置的铁芯结构件应采用非磁性材料或设置磁屏蔽，以防止漏磁引起局部过热。 5. 变压器铁芯、夹件的接地引下线应与油箱绝缘，分别从装在油箱顶部的套管引至油箱下部与油箱连接接地
2	绕组	1. 绕组的材料应为高导电率的半硬铜导体，电阻率应不大于 $0.01722\Omega \cdot mm^2/m$，规定非比例延伸强度 Rp0.2 宜大于等于 $160N/mm^2$。 2. 股线间应有合理的换位，高压绕组采用内屏连续式，低压绕组及调压段导线应采用耐高温环氧漆自黏固化工艺，以提高抗短路能力。 3. 导线在 120℃ 热油环境时黏结强度不小于 8MPa。 4. 导线用绕包绝缘纸应采用热改性绝缘纸，线圈干燥后绝缘纸聚合度应大于 800。 5. 绕组的设计应使得高压绕组的冲击电位尽可能呈线性分布。 6. 导线应具备电力工业电力设备及仪表质量检验测试中心或其他权威机构出具的导线环氧自黏力测试型式试验报告，导线出厂时提供具体产品的试验合格报告
3	套管	1. 套管应采用国际知名品牌原产套管。 2. 变压器套管目前主要有环氧树脂浸渍纸式（RIP）、油纸电容式（OIP）及玻璃钢干式（FRP）三类。宜优先选用环氧树脂浸渍纸式套管。 3. 套管应有电容式抽头供试验用。 4. 高压套管与 GIS 母线法兰的连接应采用多级 O 型密封系统或更优密封方式，以防止油和 SF_6 气体互相渗漏。 5. 高压套管法兰与 GIS 法兰间设置绝缘，并在绝缘件的两侧并联 ZnO 非线性电阻
4	储油柜	1. 变压器应装有金属波纹或胶囊式储油柜。 2. 金属波纹膨胀储油柜波纹芯体采用不锈钢材料。 3. 胶囊应选用进口优质产品，宜采用丁腈橡胶材质。储油柜应装有油位计（带高、低油位时供报警的密封触点），油位计宜选用双浮球油位计
5	油箱	1. 油箱应由不低于 Q345B 的高抗张强度的钢板焊接而成。 2. 油箱的内壁应在适当的部位设置磁屏蔽、电屏蔽。低压套管的引出部位应采用非磁性材料以防止局部发热。 3. 每台变压器应配置 2 套以上压力释放装置并分别设置在油箱长轴两端。 4. 油箱应设置油中溶解气体及微水、局部放电在线监测和充氮灭火装置的接口
6	无励磁分接开关	1. 无励磁分接开关应采用国际知名品牌产品。 2. 分接开关应采用手动操作。该装置应具有安全闭锁功能，以防止带电误操作和分接头未合在正确的位置时投运。 3. 分接开关机械寿命不少于 1 万次
7	冷却装置	1. 冷却器应采用国际知名品牌。 2. 强迫油循环水冷却器应采用双重铜管直通防堵型，并设置渗漏自动报警装置。清洗周期应在 3 年以上。 3. 水冷却器应采用耐腐蚀材料。冷却器铜管采用紫铜，供排水管路、阀门及附件为全不锈钢材质。 4. 每台变压器的水冷却器数量应满足其中 1 台水冷却器作热备用。 5. 冷却系统应既能在现地手动操作又能独立完成自动控制操作，冷却系统的控制应采用可编程序控制器模块实现，其 PLC 采用国际知名品牌并设有双电源自动切换装置。 6. 变压器的冷却装置应按负载和温度情况，自动逐台或分段投切相应数量的冷却器，工作冷却器和备用冷却器应自动轮换。 7. 油流速度应不大于 0.5m/s，并采取防止油流带电的措施

续表

序号	项目		结构型式及技术要求
8	绝缘油		1. 绝缘油应是符合 GB 2536 规定的环烷基、低含硫量、添加抗氧化剂的新油。 2. 绝缘油应有 10% 的备用油量
9	安全和监测元件	瓦斯继电器	1. 瓦斯继电器采用国际知名品牌，轻瓦斯动作于报警，重瓦斯动作于跳闸。 2. 轻瓦斯保护应带有 2 对以上电气独立的输出触点。 3. 重瓦斯继电器每台变压器按双套设置，每套重瓦斯保护应带有 2 对以上电气独立的输出触点
		压力释放装置	1. 压力释放装置采用国际知名品牌，应为自动、自密封型。 2. 每台变压器应设置 2 套压力释放装置，每个压力释放装置至少应提供 2 对电气独立的输出触点。 3. 当油箱压力超过允许值 0.05MPa 时能可靠动作，动作于跳闸
		冷却器油流监视	1. 每台冷却器应设置一套油流监视设备。 2. 当油流降低到设定值，应自动关闭该冷却器并启动备用冷却器。 3. 对外提供 2 对电气独立触点用于报警信号
		温度监测元件	1. 在变压器油箱 2 个油温较高点上，应分别安装 1 套油温测量装置。 2. 变压器应安装 1 套绕组温度测量装置。 3. 温度测量装置应输出 1 路 4～20mA 模拟量至全厂计算机监控系统，并应分别输出 2 对温度升高和温度过高信号触点至变压器保护系统
		油位监测元件	1. 变压器应装设油位计以监视油枕油位，油位计应有 2 对独立的电气触点输出。 2. 变压器还应装设 1 个反映油位变化的液位变送器，输出信号 4～20mA，精度不低于 0.3 级。 3. 表盘式油位表应为电磁型，应带 2 对电气独立的低油位可调触点
		在线监测	主变压器应设置油中溶解气体及微水在线监测装置，以及铁芯接地电流监测
10	主变压器与 GIS 接口		主变压器 500kV 高压侧与 GIS 的供货界定应满足 IEC 61639 的要求。变压器卖方提供与 GIS 外壳连接的法兰及与 GIS 母线内导体连接的端子，所有连接件（包括软连接）、螺栓、绝缘件和密封件等均由 GIS 卖方提供
11	抗短路能力		变压器绕组采用半硬铜导体，低压绕组内衬高强度硬纸筒，采用合理的引线夹持结构，绕组绕制、套装、压紧应有严格的紧固工艺措施，以提高抗短路能力，主变压器卖方需提供同类产品突发短路试验报告或抗短路能力计算报告
12	VFTO 计算分析		主变压器需进行应对 GIS 隔离开关关合操作引起的 VFTO 绝缘强度计算分析，必要时采取增大变压器入口电容值、提高线端匝间绝缘厚度等措施
13	其他		由于抽水蓄能电站机组工况转换频繁，主变压器要经常承受双向冲击，因此要求变压器具有较高的机械强度和绝缘强度，同时需要考虑变压器铁芯剩磁的影响，防止激磁涌流过大

4.4.2 变压器的本体保护

变压器的本体保护用于跳闸和报警，变压器应有下列本体跳闸和报警保护，如表 4-3 所示，其中主油箱压力释放装置应为两套。

表 4-3　　　　　　　　　　　　　　　　　　　　　　　　　　变压器本体保护设置

序号	触点名称	报警、跳闸和信号	电源电压（V，DC）	触点容量	触点数量	输出 4～20mA
1	主油箱瓦斯继电器	轻瓦斯报警重瓦斯跳闸	220	在直流 220V 感性负荷时，开断容量不小于 50W，额定连续电流不小于 5A/220V DC	重瓦斯跳闸 2 对；轻瓦斯报警 2 对	
2	主油箱速动油压继电器	报警、跳闸	220	在直流 220V 感性负荷时，开断容量不小于 50W，额定连续电流不小于 5A/220V DC	跳闸 1 对 报警 1 对	
3	油位计	油位低报警油位过低跳闸	220	在直流 220V 感性负荷时，开断容量不小于 50W，额定连续电流不小于 5A/220V DC	跳闸 2 对 报警 2 对	
4	主油箱压力释放装置	跳闸	220	在直流 220V 感性负荷时，开断容量不小于 50W，额定连续电流不小于 5A/220V DC	跳闸各 2 对	
5	油面温控器	油温高报警油温过高跳闸	220	在直流 220V 感性负荷时，开断容量不小于 50W，额定连续电流不小于 5A/220V DC	跳闸 2 对 报警 2 对	有
6	冷却器故障	报警	220	在直流 220V 感性负荷时，开断容量不小于 50W，额定连续电流不小于 5A/220V DC	报警 2 对	
7	油流继电器信号	报警	220	在直流 220V 感性负荷时，开断容量不小于 50W，额定连续电流不小于 5A/220V DC	报警 2 对	
8	冷却器交流电源故障	报警	220	在直流 220V 感性负荷时，开断容量不小于 50W，额定连续电流不小于 5A/220V DC	报警 2 对	
9	绕组温控器	温度高报警温度过高跳闸	220	在直流 220V 感性负荷时，开断容量不小于 50W，额定连续电流不小于 5A/220V DC	报警 2 对 跳闸 2 对	有
10	水流监测装置	报警	220	在直流 220V 感性负荷时，开断容量不小于 50W，额定连续电流不小于 5A/220V DC	报警 2 对	
11	漏水监测装置	报警	220	在直流 220V 感性负荷时，开断容量不小于 50W，额定连续电流不小于 5A/220V DC	报警 2 对	
12	各冷却器投入工作	信号	220	在直流 220V 感性负荷时，开断容量不小于 50W，额定连续电流不小于 5A/220V DC	各 1	
13	各阀门打开时状态信号	信号	220	在直流 220V 感性负荷时，开断容量不小于 50W，额定连续电流不小于 5A/220V DC	各 1	
14	各阀门闭合时状态信号	信号	220	在直流 220V 感性负荷时，开断容量不小于 50W，额定连续电流不小于 5A/220V DC	各 1	

第 5 章　GIS 设备

5.1　设计和选型原则

气体绝缘金属封闭开关设备（GIS 设备）是由断路器、隔离开关、检修接地开关、快速接地开关、电流互感器、电压互感器、避雷器、出线套管、母线、伸缩节等组成的一个完整系统。GIS 设备的型式主要由开关站的布置方式和电气主接线形式决定。

5.1.1　开关站型式

抽水蓄能电站开关站布置方式主要分为地下 GIS 开关站、地面 GIS 开关站两种。

（1）地下 GIS 开关站的联合单元设备和 GIS 设备均布置在地下主变压器洞内，通过 GIS 管道母线直接与主变压器相连，通过气体绝缘金属封闭输电线路（GIL）管道母线送出至地面出线场。

（2）地面 GIS 开关站的联合单元设备布置在地下主变压器洞内，通过 GIS 管道母线与主变压器连接，通过高压电缆与地面 GIS 设备连接，地面 GIS 设备通过母线及出线套管经架空线送出。

5.1.2　GIS 型式

GIS 设备采用积木式拼接结构，各元件间可根据主接线形式并结合开关站布置确定其设计方案。

5.1.3　额定电压

根据电站接入系统要求的电压等级，GIS 设备额定电压主要分为 550kV、363kV、252kV 等。

5.1.4　额定电流

根据对应的机组容量和 GIS 设备的制造水平，地下联合单元额定电流一般选择 1600A、2000A、2500A，断路器间隔选择 2500A、3150A、4000A，考虑到电站整体送出容量和可能的穿越功率，主母线额定电流可选择为 3150A、4000A、5000A。

5.1.5　额定短路开断电流

GIS 设备的额定短路开断能力应根据电站远景年三相短路电流计算结果确定。同时应考虑接入系统的具体要求并留有一定余量。一般 550kV GIS 设备选为 63kA，363kV GIS 为 50kA，252kV GIS 为 50kA 或 40kA。

5.1.6　额定短时耐受电流及持续时间

根据短路电流计算结果和相关规范要求，550kV GIS 设备为 63kA/2s，363kV GIS 为 50kA/3s，252kV GIS 为 50kA/3s 或 40kA/3s。

5.1.7　额定绝缘水平

GIS 设备应根据系统的过电压水平、避雷器残压水平及相应的配合系数确定其额定工频 1min 耐受电压、额定雷电冲击耐受电压值，550kV 和 363kV GIS 设备还要确定额定操作冲击耐受电压值。

5.1.8　年漏气率

GIS 设备年漏气率不大于 0.5%。

5.1.9　智能 GIS 设备要求

配置主变压器设备智能管控平台，通过监测包括但不限于油中气体和糠醛值、局部放电量、负荷电流、铁芯/夹件的接地电流、套管泄漏电流、直流分量、变压器温度、油水渗漏等信息，并对采集的信息进行综合分析、智能诊断、设备控制、故障预警，实现与上一级数据中心信息的交互，实现不同系统间的联动。

5.1.10　其他

（1）分期建设的 GIS 设备应满足扩建方便并减小或不影响初期设备安全运行的要求。

（2）北方高寒地区、空气湿度大和污秽等级高的地区，GIS 宜采用户内布置方案。

（3）为降低地下厂房的跨度和地面开关站的边坡高度，GIS 设备应采用紧凑型布置方式。

（4）GIS 设备应选用安全可靠、技术先进、经济合理的产品。

5.2　设计标准、规程规范

GB 1984　　　　　　高压交流断路器

GB 1985　　　　高压交流隔离开关和接地开关
GB 7674　　　　额定电压为 72.5kV 及以上气体绝缘金属封闭开关设备
GB/T 11022　　　高压开关设备和控制设备标准的共用技术要求
GB 11032　　　　交流无间隙金属氧化物避雷器
GB/T 12022　　　工业六氟化硫
GB/T 20840.2　　互感器　第 2 部分：电流互感器的补充技术要求
GB/T 20840.3　　互感器　第 3 部分：电磁式电压互感器的补充技术要求
GB 50150　　　　电气装置安装工程　电气设备交接试验标准
DL/T 402　　　　高压交流断路器
DL/T 486　　　　高压交流隔离开关和接地开关
DL/T 593　　　　高压开关设备和控制设备标准的共用技术要求
DL/T 617　　　　气体绝缘金属封闭开关设备技术条件
DL/T 618　　　　气体绝缘金属封闭开关设备现场交接试验规程
DL/T 726　　　　电力用电压互感器使用技术规范
DL/T 728　　　　气体绝缘金属封闭开关设备选用导则
NB/T 35108　　　气体绝缘金属封闭开关设备配电装置设计规范

5.3　GIS 技术参数

GIS 的技术参数如表 5-1 所示。

表 5-1　　GIS 技术参数表（以 550kV GIS 设备为例）

序号	名称		单位	参数
1	GIS 共用参数			
(1)	额定电压		kV	550
(2)	额定电流	联合单元	A	2500
		地面 GIS		2500、4000
		主母线		3150、4000、5000
(3)	额定工频 1min 耐受电压（相对地）		kV	740
(4)	额定雷电冲击耐受电压峰值（1.2/50μs）（相对地）		kV	1675

续表

序号	名称		单位	参数
(5)	额定操作冲击耐受电压峰值（250/2500μs）（相对地）		kV	1300
(6)	额定短路开断电流		kA	63
(7)	额定短路关合电流		kA	160
(8)	额定短时耐受电流及持续时间		kA/s	63/2
(9)	额定峰值耐受电流		kA	160
(10)	辅助和控制回路短时工频耐受电压		kV	2
(11)	无线电干扰电压		μV	≤500
(12)	噪声水平		dB	≤110
(13)	每个隔室 SF_6 气体漏气率		%/年	≤0.5
(14)	局部放电	试验电压	kV	$1.1 \times 550/\sqrt{3}$
		每个间隔	pC	≤5
		每单个绝缘件		≤3
		套管		≤5
		电流互感器		≤5
		电压互感器		≤10
		避雷器		≤10
(15)	使用寿命		年	≥30
(16)	检修周期		年	≥20
(17)	结构布置	断路器		三相分箱
		母线		三相分箱
2	断路器参数			
(1)	布置型式（立式或卧式）			卧式
(2)	断口数		个	1 或 2
(3)	额定电流		A	2500、3150、4000、5000
(4)	主回路电阻		μΩ	制造商确定
(5)	温升试验电流		A	$1.1I_r$

续表

序号	名称		单位	参数
(6)	额定工频 1min 耐受电压	断口	kV	740+315
		对地	kV	740
	额定雷电冲击耐受电压峰值（1.2/50μs）	断口	kV	1675+450
		对地	kV	1675
	额定操作冲击耐受电压峰值（250/2500μs）	断口	kV	1175+450
		对地	kV	1300
(7)	额定短路开断电流	交流分量有效值	kA	63
		时间常数	ms	45
		开断次数	次	≥16
		首相开断系数		1.3
(8)	额定短路关合电流		kA	160
(9)	额定短时耐受电流及持续时间		kA/s	63/2
(10)	额定峰值耐受电流		kA	160
(11)	开断时间		ms	≤50
(12)	合分时间		ms	≤50
(13)	分闸时间		ms	≤30
(14)	合闸时间		ms	≤100
(15)	重合闸无电流间隙时间		ms	≥300
(16)	分闸不同期性	相间	ms	≤3
		同相断口间		≤2
(17)	合闸不同期性	相间	ms	≤5
		同相断口间		≤3
(18)	机械稳定性		次	≥3000
(19)	额定操作顺序			O-0.3s-CO-180s-CO
(20)	现场开合空载变压器能力	空载励磁电流	A	0.5～15
		试验电压	kV	550
		操作顺序		10×O 和 10×(CO)

续表

序号	名称		单位	参数
(21)	现场开合并联电抗器能力	电抗器容量	Mvar	120/150/180/210
		试验电压	kV	550
		操作顺序		10×O 和 10×(CO)
(22)	现场开合空载线路充电电流试验	试验电流	A	由实际线路长度决定
		试验电压	kV	550
		试验条件		线路原则上不得带有泄压设备，如电抗器、避雷器、电磁式电压互感器等
		操作顺序		10×(O-0.3s-CO)
(23)	容性电流开合试验（试验室）	试验电流	A	500
		试验电压	kV	1.2×550/√3
				C1级：LC1 和 CC1：24×O，LC2 和 CC2：24×CO；C2级：LC1 和 CC1：48×O，LC2 和 CC2：24×O 和 24×CO
				C1级/C2级
(24)	近区故障条件下的开合能力	L90	kA	56.7
		L75	kA	47.3
		L60	kA	37.8（L75 的最小燃弧时间大于 L90 的最小燃弧时间 5ms 时）
		操作顺序		O-0.3s-CO-180s-CO
(25)	失步关合和开断能力	开断电流	kA	16
		试验电压	kV	2.0×550/√3
		操作顺序		方式1：O-O-O 方式2：CO-O-O

续表

序号	名称		单位	参数
(26)	操动机构型式或型号			液压弹簧或纯弹簧
	操作方式			分相操作
	检修周期		年	≥20
	液压机构	重合闸闭锁压力时允许的操作		O-0.3s-CO 或 CO-180s-CO
		24h打压次数	次	≤2
	弹簧机构	储能时间	s	≤20
3	隔离开关参数			
(1)	额定电流	地下联合单元	A	2500
		地面GIS	A	2500、3150、4000、5000
(2)	主回路电阻		μΩ	制造商确定
(3)	温升试验电流		A	$1.1I_r$
(4)	额定工频1min耐受电压	断口	kV	740+315
		对地		740
(4)	额定雷电冲击耐受电压峰值（1.2/50μs）	断口	kV	1675+450
		对地		1675
	额定操作冲击耐受电压峰值（250/2500μs）	断口	kV	1175+450
		对地		1300
(5)	额定短时耐受电流及持续时间		kA/s	63/2
(6)	额定峰值耐受电流		kA	160
(7)	机械稳定性		次	≥3000
(8)	开合小电容电流值		A	1
(9)	开合小电感电流值		A	0.5
(10)	开合母线转换电流能力	转换电流	A	1600
		转换电压	V	40
		开断次数	次	100
(11)	操动机构	型式或型号		电动或电动弹簧
		操作方式		三相机械联动/分相操作

续表

序号	名称			单位	参数
4	快速接地开关参数				
(1)	额定短时耐受电流及持续时间			kA/s	63/2
(2)	额定峰值耐受电流			kA	160
(3)	额定短路关合电流			kA	160
(4)	额定短路电流关合次数			次	≥2
(5)	分、合闸时间	分闸时间		ms	≤100
		合闸时间			≤100
(6)	机械稳定性			次	≥3000
(7)	开合感应电流能力（A类/B类）	电磁感应	感性电流	A	80/200
			开断次数	次	10
			感应电压	kV	2/25
		静电感应	容性电流	A	1.6/50
			开断次数	次	10
			感应电压	kV	8/50
(8)	操动机构	型式或型号			电动弹簧并可手动
5	检修接地开关参数				
(1)	额定短时耐受电流及持续时间			kA/s	63/2
(2)	额定峰值耐受电流			kA	160
(3)	机械稳定性			次	≥3000
(4)	操动机构	型式或型号			电动并可手动
6	电流互感器参数				
(1)	型式或型号				电磁式
(2)	布置型式				内置（二次绕组外置式安装）
7	电压互感器参数				
(1)	型式或型号				电磁式
(2)	三相不平衡度			V	1
(3)	低压绕组1min工频耐压			kV	3
(4)	额定电压因数及允许持续时间				1.2倍/连续，1.5倍/30s

第5章 GIS设备 · 33 ·

续表

序号	名称	单位	参数
8	避雷器参数		
(1)	额定电压	kV	420/444
(2)	持续运行电压	kV	318/324
(3)	标称放电电流（8/20μs）	kA	20
(4)	陡波冲击电流下残压（1/10μs）	kV	1170/1238
(5)	雷电冲击电流下残压（8/20μs）	kV	1046/1106
(6)	操作冲击电流下残压（30/60μs）	kV	858/907
(7)	直流 1mA 参考电压	kV	≥565/597
9	套管参数		
(1)	伞裙型式		大小伞
(2)	材质		瓷、复合绝缘
(3)	额定电流	A	2500、3150、4000
(4)	额定短时耐受电流及持续时间	kA/s	63/2
(5)	额定峰值耐受电流	kA	160
(6)	额定工频 1min 耐受电压（相对地）	kV	740
(7)	额定雷电冲击耐受电压峰值（1.2/50μs）（相对地）	kV	1675
(8)	额定操作冲击耐受电压峰值（250/2500μs）（相对地）	kV	1300
(9)	爬电距离	mm	13750（当 500mm≥平均直径≥300mm 时，乘以 1.1；平均直径＞500mm 时，乘以 1.2）
(10)	干弧距离	mm	≥3800
10	环氧浇注绝缘子参数		
(1)	安全系数		大于 3 倍设计压力
(2)	2 倍额定相电压下，泄漏电流	μA	50

续表

序号	名称		单位	参数
(3)	1.1 倍额定相电压下，最大场强		kV/mm	≤1.5
11	主母线参数			
(1)	材质			铝/铜（额定电流大于 5000A 时）
(2)	额定电流		A	4000/5000//6300
(3)	额定短时耐受电流及持续时间		kA/s	63/2
(4)	额定峰值耐受电流		kA	160
(5)	导体直径（内径/外径）		mm	（投标人提供）
12	外壳参数			
(1)	材质			钢、铸铝、铝合金
(2)	外壳破坏压力			铸铝和铝合金：5 倍的设计压力，焊接铝外壳和钢外壳：3 倍的设计压力
(3)	温升	试验电流	A	$1.1I_r$
		可以接触部位	K	≤30
		可能接触部位	K	≤40
		不可接触部位	K	≤65
(4)	外壳耐烧穿的能力	电流	kA	63
		时间	s	0.3
13	伸缩节参数			
(1)	材质			不锈钢或铝合金
(2)	使用寿命			≥30 年或 10000 次伸缩
14	SF₆ 气体参数			
(1)	湿度		μg/g	≤8
(2)	纯度		%	≥99.8

5.4 结构性能

GIS 的结构性能如表 5-2 所示。

表 5-2　　　　　　　　　　　　　　　　　　　　　　　　　　　GIS 结构性能表

序号	设备名称	结构型式
1	GIS 设备	1. GIS 设备选型应根据开关站型式、接线方式、输送容量、电压等级等参数确定，应满足系统远景规划、电站终期装机规模及可能的穿越功率要求。 2. 地下 GIS 选型与布置应考虑耐压试验的要求，预留试验设备的运输通道、布置场地，考虑试验时与设备和接地部分的电气距离。GIS 招标时应考虑与试验相关的 GIS 管道母线、试验套管、试验封堵元件、可拆断口及试验屏蔽件。 3. 地面 GIS 设备应满足通过套管加压为高压电缆做耐压试验的要求，试验电压为 $1.7U_0$，持续时间 60min。地下联合单元设备采用试验 TV 进行耐压试验，试验 TV 由 GIS 供货商提供（不含在供货范围内）。具体试验方案应由包括 GIS 生产厂家、高压电缆生产厂家和现场耐压试验执行单位等各方联合确定。 4. 对于地下开关站和高边坡情况，推荐采用一字型布置方案，以减小 GIS 开关室的宽度，避免采用竖向重叠布置方案，以便设备吊运、检修。 5. 地下联合单元设备应满足电缆终端水平安装的要求。 6. GIS 外壳应采用铝合金材料，具有机械和热稳定性；母线外壳采用螺旋焊管技术，不得采用直焊缝；断路器外壳采用铸造工艺或螺旋焊管技术；其他元件外壳采用铸造工艺。 7. 高寒地区的 GIS 设备尽量减少户外布置；重污秽和沿海湿度大等地区的 GIS 设备不宜采用户外布置。 8. 分期建设和扩建工程设备的型式宜与已运行设备相一致。 9. GIS 设备支架可采用化学锚栓/膨胀螺栓固定在土建结构高程，不宜固定在装修面上。 10. SF_6 密度继电器与开关设备本体之间的连接方式应满足不拆卸即可校验密度继电器的要求。密度继电器应装设在与断路器或 GIS 本体同一运行环境温度的位置，以保证其报警、闭锁触点正确动作。分箱结构的断路器每相应安装独立的密度继电器。 11. 为便于试验和检修，GIS 的母线避雷器和电压互感器、电缆进线间隔的避雷器、线路电压互感器应设置独立的隔离开关或隔离断口。 12. 252kV 及以上电压等级 GIS 可配置 SF_6 气体压力、密度及微水在线监测装置和断路器动作特性在线监测装置，宜配置局部放电在线监测装置和 SF_6 气体泄漏监测报警装置
2	断路器	1. 550kV 断路器采用卧式结构。卧式断路器重心低，抗震性能好，稳定性高，当操动机构动作时，所产生的动荷载对基础影响小。卧式断路器灭弧室水平布置，方便从一侧抽出灭弧室进行维护检修。断路器如果采用立式结构，则布置及吊运高度较大，动荷载对楼板冲击大。立式结构可以降低 GIS 室的平面尺寸，对于平面布置尺寸紧张且断路器操作功小的 363kV 及以下 GIS 设备可以采用立式结构。 2. 550kV 断路器可采用双断口或单断口型式，363kV 及以下断路器采用单断口型式。双断口断路器操作冲击小，绝缘裕度高，具有丰富的制造和运行经验；单断口断路器结构简单，布置紧凑，便于维护，断口间同期性较好，操作冲击较大。 3. 550kV、363kV 断路器宜选用液压弹簧或弹簧操动机构，252kV 及以下断路器宜选用弹簧操动机构。液压弹簧操动机构具有比较大的操作功，应用比较广泛，具有成熟的加工制造及运行维护经验，但存在漏油的风险。纯弹簧操动机构不存在漏油问题，操作平稳，噪声低，维护工作量小，但操作功也相对较小。 4. 550kV 断路器均可三相电气联动操作，363kV 及以下断路器可三相机械联动操作，线路侧断路器应可进行分相操作，并满足三相和单相自动重合闸操作的要求。 5. 550kV 断路器操动机构宜布置于断路器端部的灭弧室轴线上。 6. 断路器操动机构连接杆应选用绝缘材料。 7. 随着 GIS 设备设计、制造技术的进步和新结构、新材料的应用，单断口、纯弹簧操动机构的断路器将是未来的发展方向。同时，经过大量工程实践检验，运行安全稳定的成熟的结构型式仍有较大的应用空间
3	隔离开关	1. 隔离开关应可以三相机械联动操作。当隔离开关采用三相机械联动操作时，对非全相合、分闸应采取措施，在操作和运行中不允许出现非全相合闸的情况。 2. 隔离开关的绝缘拉杆宜采用进口产品，GIS 厂家对所有隔离开关绝缘拉杆在工厂装配前进行工频耐压试验和冲击耐压试验并作局部放电检测，提高绝缘拉杆联轴装配质量，避免所有可能的机械损伤； 3. 设备订货前，应委托有资质的相应单位进行 VFTO 计算，并要求供货商在投标文件中提交 VFTO 计算分析报告；设备订货后，应根据主变压器、GIS 设备、其他相关设备复核 VFTO 计算结果，采取措施抑制 VFTO 的产生并改进相关设备特别是主变压器的选型设计。 4. 操动机构采用电动或电动弹簧操动结构。 5. 隔离开关应与接地开关共筒安装，采用"三工位"布置方式，实现自动闭锁；应允许隔离开关上的操动机构位置、接地开关位置、管道母线位置可以根据布置条件进行调整。 6. 操动机构均应有明显的分合位置指示器，便于运行人员直接观察。 7. 隔离开关可以采用水平或垂直安装方式

续表

序号	设备名称	结构型式
4	快速接地开关	1. 如不能预先确定回路不带电，应采用具有关合额定峰值耐受电流能力的快速接地开关，它一般用于出线回路的线路侧。同塔多回线路或较长的相邻平行线路，线路侧快速接地开关还应根据线路长短与相邻带电线路耦合强度，选择合适的切合电磁感应和静电感应电流的能力。 2. 操动机构采用电动弹簧，可允许手动操作。 3. 操动机构均应有明显的分合闸位置指示器，以检查检修接地开关所处的位置。 4. 快速接地开关应与GIS外壳绝缘，接地开关对外壳绝缘水平按工频1min耐压2kV（有效值）设计
5	检修接地开关	1. 如能预先确定回路不带电，可采用不具有关合能力或关合能力低于额定峰值耐受电流的检修接地开关。 2. 检修接地开关应三相机械联动操作。 3. 采用电动操动机构，可手动操作。 4. 操动机构均应有明显的分合闸位置指示器，以检查检修接地开关所处的位置。 5. 检修接地开关应与GIS外壳绝缘，接地开关接地端对外壳的绝缘水平按工频1min耐压2kV（有效值）设计，运行时可用金属片与外壳连接。 6. 主变压器高压侧出口第1组接地开关对外壳绝缘水平按工频1min耐压20kV（有效值）设计，以便引入10kV外施电压进行主变压器介质损耗试验。 7. 接地开关合上后应确保不自分
6	电流互感器	1. 采用一个铁芯一个绕组的型式。 2. 二次绕组宜布置于SF_6气室之外。 3. 电流互感器可以设置为一个单独的气室作为过渡气室，以保证断路器隔室检修时、相邻隔室降半压运行，不影响其他隔室运行。 4. 电流互感器出厂前，应逐台进行全部出厂试验，包括高电压下的介损试验、局部放电试验及耐压试验。 5. 电流互感器二次绕组两端均可接地，以便进行现场一次侧电流试验，检验互感器的极性、变比以及继电器、仪表等的接线。 6. 电流互感器二次回路1min工频耐压3kV（有效值）。 7. 各组电流互感器相序排列应确保一致
7	电压互感器	1. 电压互感器可水平、垂直正立或垂直倒立安装。 2. 应采用不易产生饱和的铁芯，以防止铁磁谐振的发生。 3. 电压互感器与母线连接应带有插入式接头和隔离的隔室，以便在GIS进行绝缘试验时隔离电压互感器。该接头隔室检修时可为独立隔室，运行时应与电压互感器的隔室连通。 4. 电压互感器应能承受隔离开关操作引起的VFTO。 5. 电压互感器出厂前，应逐台进行全部出厂试验，包括高电压下的介质损耗试验、局部放电试验和耐压试验。 6. 各组电压互感器相序排列应确保一致
8	避雷器	1. GIS设备采用户内、单相、罐式、SF_6气体绝缘、交流无间隙金属氧化物避雷器。 2. 水平、垂直安装避雷器不得混用。 3. 避雷器与母线连接应带有插入式接头和隔离的隔室，以便在GIS进行绝缘试验时隔离避雷器。该隔室检修时可与其他隔室隔离，运行时与避雷器隔室连通。 4. 地下GIS设备或地下联合单元设备应设设避雷器，GIS配电装置与架空线连接处安装设敞开式避雷器，与出线场同平台布置的GIS母线是否设置避雷器需经有资质的单位计算确定。 5. 避雷器应配置低残压或无残压在线检测器，用于记录冲击放电次数和实时记录避雷器的泄漏电流。 6. 避雷器每相都应配置交流电流在线监测仪、放电计数器和放电电流记录器及其绝缘基座。放电电流记录器能够记录放电电流峰值，且能够在避雷器运行的情况下安全地拆卸。记录器还应能通过定期检查确定已发生的动作次数。放电计数器和放电电流记录器应避免由于线路冲击引起的错误指示
9	母线	1. 母线外壳材质为铝合金，母线导体材质为高导电率的铝合金，其导电接触部位表面应镀银（包括设备连接端子），如果额定电流超过5000A，应选用铜导体。 2. 户外布置分支母线应有防止极端低温下SF_6气体液化的应对措施，由于设置加热及其控制装置比较复杂，而且母线没有灭弧要求，在满足绝缘水平的前提下，可以采取降低SF_6气体压力的措施。 3. 550kV及以上GIS配电装置采用单相主母线和单相分支母线；363kV GIS配电装置宜采用三相共筒或单相主母线和单相分支母线；252kV GIS配电装置宜采用三相共筒母线和单相分支母线

续表

序号	设备名称		结构型式
10	出线套管		1. 优先采用干式绝缘套管，也可采用 SF$_6$ 气体绝缘套管。 2. 优先采用复合绝缘外套，也可采用瓷外套
11	连接元件	GIS/变压器连接元件	1. GIS 外壳与变压器间应有绝缘件，以阻止 GIS 上的感应电流和热流传到主变压器上，每相的绝缘件应能承受外壳上出现的最大感应电压，并装设 ZnO 过电压保护器以限制绝缘件上的过电压。绝缘件和 ZnO 过电压保护器由 GIS 卖方提供。 2. 为避免变压器的震动传到 GIS 管道母线上和减小制造、安装的误差影响，应在 GIS 与变压器的连接处设置伸缩节。GIS 的结构设计应能补偿变压器制造及安装误差。 3. 在连接处应设置可拆卸断口或可滑动式接头，以便主变压器和 GIS 母线能断开，分别进行各自安装和试验。接头移开后，断口间应能耐受各种试验电压。 4. GIS 卖方应提供试验封堵元件及试验用屏蔽件。 5. 为了防止两种不同绝缘介质的相互渗透，必须具有良好的密封装置，并能承受在各种运行和检修工况下由于两种介质产生的压力不同而造成的最大压力差。 6. GIS 分支母线与变压器的连接，其设计、制造、试验应符合 GB/T 22382 和 IEC 61639 的要求
		GIS/GIL 连接元件	1. GIS 与 GIL 连接元件应易于装配，应设置可拆卸的断口，断口间距应能承受各种试验电压。 2. GIL 和 GIS 母线之间的密封应良好。SF$_6$ 气体不会通过密封渗出或相互渗漏，并能承受各种运行工况下产生的最大压差
		GIS/电缆连接元件	1. GIS 外壳与电缆护层间应设置绝缘件，以阻止 GIS 上的感应电流和热流传到 500kV 电缆上。每相绝缘件应能承受各种运行工况下出现的最高电压，并装设 ZnO 过电压保护器。绝缘件和 ZnO 过电压保护器由电缆卖方提供。 2. GIS 与高压电缆的连接，其设计、制造、试验应符合 GB/T 22381 和 IEC 60859 的要求
12	伸缩节		1. 伸缩节的配置至少应考虑基础不均匀沉陷、土建施工误差、设备制造误差、安装误差、热胀冷缩、基础蠕变以及地震、设备操作、自振、检修人员工作引起的位移等因素。 2. 在 GIS 与变压器、550kV GIL 的连接处应设置伸缩节，在土建缝处也应设置伸缩节。 3. 伸缩节在额定伸缩量内，其伸缩循环寿命应不小于 10000 次
13	绝缘子		1. GIS 配电装置内支撑绝缘子和盆式绝缘子（隔板）都应具有相同的设计参数，并应为环氧树脂模压固化型绝缘子。 2. 绝缘子应有良好的耐酸性和抗 SF$_6$ 气体分解物的腐蚀、防潮性、气密性、均匀性。 3. 绝缘子应进行绝缘试验，具有良好的绝缘耐受能力；应进行局部放电试验，每个绝缘子的局部放电量不大于 2pC；应进行耐腐蚀和老化试验以及超声波探伤试验。 4. 每批盆式绝缘子出厂前均必须抽样进行 3.5 倍最大压力的水压试验。 5. 不允许盆式绝缘子两侧气室中的绝缘介质相互渗透，盆式绝缘子的强度应承受一侧隔室在正常压力下运行（还应考虑瞬间压力的提高），而另一侧为真空状态而产生的压力差。 6. 盆式绝缘子的位置应清晰、永久地标示于外壳外面
14	SF$_6$ 气体检测		在每个隔室内装设 SF$_6$ 气体检测装置，配备气体监测系统，以连续、自动地监测气体状态
15	SF$_6$ 气体泄漏环境监测系统		1. 在地面 GIS 室和地下联合单元设备室均配置 SF$_6$ 气体泄漏环境监测系统。 2. 每个断路器间隔和每组地下联合单元设备至少设置一组 SF$_6$ 气体监测传感器。 3. 具有两个及以上安全出口的 GIS 室，应在主要出口处设置监测主机，在其他出口处设置显示及报警装置。 4. SF$_6$ 气体泄漏环境监测系统与机械排风系统应能联动运行
16	局部放电在线监测系统		1. 根据 GIS 的布置、气室分隔和监测要求配置局部放电在线监测装置，装置应能够准确区分局部放电源、外部干扰和由于高压设备的操作引起的瞬间放电。 2. GIS 局部放电在线监测宜采用超高频局部放电传感器，传感器平均等效高度不小于 13mm
17	隔室		1. 断路器、隔离开关、电压互感器、避雷器、电缆终端、GIS 与 550kV GIL 连接元件、GIS 与变压器的油/SF$_6$ 套管连接元件等为独立气室。 2. 长母线应有适当的气室分隔，每个独立气室 SF$_6$ 气体不超过 300kg。 3. 每一个独立气体隔室应装有单独的气体密度继电器和压力表

续表

序号	设备名称	结构型式
18	压力释放装置	1. 每个独立气室宜装设压力释放装置，压力释放方向应避开人员操作面和维护通道。 2. 压力释放装置的动作压力应与外壳的设计压力相配合，不得发生误动作。 3. 任何一个隔室的压力释放装置动作时不影响相邻隔室的正常运行。 4. 供方应提供压力释放装置的计算和说明供业主批准，并提供压力释放装置的压力释放曲线。 5. 监控系统应具有GIS气室压力异常升高的报警功能
19	运行维护检修平台	1. 根据设备的布置情况，在合适的部位设置固定的维护检修平台、固定爬梯、栏杆及维修用的轻便活动梯子，以方便设备的检修和维护。 2. 平台应选择热镀锌钢材料，踏步采用优质花纹钢板，栏杆和扶手应选择满足强度要求的不锈钢材料。 3. 紧固方式采用螺栓连接方式。 4. 所设置的平台、爬梯、栏杆应符合《水利水电工程劳动安全与工业卫生设计规范》的要求

第6章 高压电缆

6.1 设计和选型原则

6.1.1 额定电压

一般根据电压等级的分类，将66～500kV电缆称为高压电缆。根据《国家电网公司抽水蓄能电站工程通用设计 开关站分册》的设计方案，并结合已建和在建抽水蓄能电站高压系统多为500kV的情况，本设计的高压电缆电压等级按500kV进行设计，330kV、220kV或其他电压等级的电缆设计可参考本设计思路，并根据相应的规范要求进行设计。

电缆的额定电压应根据电缆每一导体与金属套（或导体屏蔽）之间的额定工频电压（有效值，U_0）、任何两导体之间的额定工频电压（有效值，U）、任何两导体之间的运行最高工频电压（有效值，U_m）进行选择。500kV电缆的额定电压为290/500/550kV。

6.1.2 型式

按绝缘类型分类，500kV电缆分为自容式充油电缆（充油电缆）和挤包绝缘电缆两大类，在挤包绝缘电缆中交联聚乙烯电缆（XLPE电缆）较为常见。目前，随着科技的发展，只有少数厂家沿用传统工艺生产充油电缆，其他多数厂家可生产XLPE电缆。相比充油电缆，XLPE电缆结构简单，安装使用方便，对落差敷设适应性好。遵循国家电网有限公司招标文件范本的内容，500kV电缆明确采用XLPE电缆。

电缆的GIS终端分充油型终端、充SF_6气体终端和全干式终端。相比充油型终端和充SF_6气体终端，全干式终端具有现场制作工艺简单、安装周期短、能适应垂直和水平安装、绝缘介质运行稳定、无油或气体泄漏以及免维护等特点。遵循国家电网有限公司招标文件范本的内容，电缆终端明确采用全干式终端。

6.1.3 截面

电缆截面应根据输送容量、环境条件等进行选择，并应根据电缆结构型式、电缆长度和布置以及耐受电流进行校验。结合国内在建或将建的蓄能电站的条件，电缆输送的容量多为600MVA、720MVA、840MVA和960MVA，电缆截面可分别按照800mm²、800mm²、800mm²和1000mm²选择。

6.1.4 金属套接地方式

为降低处于导体电流交变磁场中的金属套上感应出的电压，需要对其金属套采取适当的接地措施。金属套接地分一端直接接地、两端直接接地和交叉互联接地三种方式。一端直接接地的方式一般适用于电缆线路不长的情况，另一端应通过金属套绝缘保护器接地，同时还必须安装一条沿电缆线路平行敷设的回流线。两端直接接地适用于传输容量很小或利用率很低的电缆线路。交叉互联接地用于长电缆线路的情况，电缆线路全长应分成三等分段或三等分段的倍数，可不装设回流线。实际工程中，应根据电缆长度、负荷电流等计算感应电压以选择合适的金属套接地方式，尤其应关注电缆线路长、传输功率大的回路。

6.1.5 布置和安装

高压电缆用于连接地下 GIS 联合单元和地面户内 GIS，敷设路径的类型一般包括出线平洞、出线斜井和出线竖井。在出线平洞和出线斜井内，电缆布置在两侧洞壁，洞室中部作为交通通道，布置简单，断面尺寸较小，结构简单，敷设安装简单。在出线竖井内，电缆布置在专门的电缆井内，另需设置楼梯间、电梯间、通风道等，布置复杂，断面尺寸较大，结构较复杂，敷设安装难度较高。电站枢纽布置中应结合电缆结构型式的特点，选择合理的电缆敷设路径，并重点关注竖井内敷设电缆的结构、敷设方法和安装固定方式，以保证电缆各结构层稳定而不出现脱落现象。

6.1.6 单根长度

高压电缆系统中的电缆终端和中间接头是稳定性较薄弱的环节，为保证整个高压电缆系统的运行可靠性，以单根电缆能完成地下 GIS 联合单元和地面户内 GIS 的连接、不设置电缆中间接头为原则，单根电缆长度不超过 1500m 为宜。目前，只有少数厂家具备设计、生产制造和工厂试验单根长度 1500m 高压电缆的能力。随着电缆生产厂家研发、生产、试验装备能力的不断提升，后续工程设计中可考虑适当增加单根电缆的长度。

6.1.7 试验和安装

有别于其他设备，当额定电压 500kV 电缆系统成功地通过预鉴定试验，就视为生产厂家具有供应额定电压 500kV 电缆系统的合格资格，该合格资格与运行业绩均可证明电缆系统满足长期运行的要求。

高压电缆的现场安装以及现场试验具有其特殊性和专业性，一般包含在电缆生产厂家的工作范围内。厂家自身应具有相关安装和试验资质，或应委托有资质的单位完成此项工作。鉴于蓄能电站枢纽布置的特点和高压设备布置的限制，500kV 电缆系统与地面户内 GIS 一起进行交流耐压试验，具体试验方案应与电缆生产厂家和 GIS 生产厂家联合确定。

6.1.8 智能高压电缆要求

配置高压电缆智能管控平台，通过监测包括但不限于高压电缆局部放电量、金属套多点接地、电缆温度及电缆外护层感应电压等信息，并对采集的信息进行综合分析、智能诊断、设备控制、故障预警，实现与上一级数据中心信息的交互，实现不同系统间的联动。

6.2 设计标准、规程规范

GB/T 2952.1～2	电缆外护层
GB/T 3953	电工圆铜线
GB/T 3956	电缆的导体
GB 6995.1	电线电缆识别标志方法 第 1 部分：一般规定
GB 6995.3	电线电缆识别标志方法 第 3 部分：电线电缆识别标志
GB 14315	电力电缆导体用压接型铜、铝接线端子和连接管
GB/T 19666	阻燃和耐火电线电缆通则
GB/T 22078.1～3	额定电压 500kV（U_m=550kV）交联聚乙烯绝缘电力电缆及其附件
GB 50217	电力工程电缆设计规范
DL/T 401	高压电缆选用导则
DL/T 5228	水力发电厂交流 110kV～500kV 电力电缆施工设计规范

6.3 主要技术参数

电缆的主要技术参数见表 6-1～表 6-6。

表 6-1 电缆结构技术参数表

序号	名称		单位	参数
1	导体	材料		铜
		结构		分割导体
		标称截面	mm²	800、1000
		最少单线根数	根	53(800mm²)、170(1000mm²)

续表

序号	名称		单位	参数
2	绝缘	标称厚度 t	mm	34(800mm²)、33(1000mm²)
		平均厚度	mm	不小于标称厚度
		最薄点厚度	mm	≥95%t
		最大厚度	mm	≤105%t
		偏心度	%	≤5
3	金属套	材料		焊接皱纹铝套
		标称厚度 t	mm	2.9(800mm²)、3.0(1000mm²)
		平均厚度	mm	不小于标称厚度
		最薄点厚度	mm	≥铝套90%t
4	防腐涂层	材料		电缆沥青
5	外护套	材料		聚氯乙烯（PVC）、聚乙烯（PE）
		颜色		黑色
		标称厚度 t	mm	6.0
		平均厚度	mm	不小于标称厚度
		最薄点厚度	mm	≥90%t

表 6-2 电缆电气技术参数表

序号	名称	单位	参数
1	20℃时导体最大直流电阻	Ω/km	0.0221(800mm²)、0.0176(1000mm²)
2	$\tan\delta$（导体温度95℃～100℃，290kV下）		8×10^{-4}
3	雷电冲击试验（导体温度95℃～100℃下）	kV/次	±1675/各10
4	出厂工频电压试验	kV/min	580/60
5	安装后工频电压试验	kV/h	493/1
6	出厂外护套负极性直流试验	kV/min	25/1
7	安装后外护套负极性直流试验	kV/min	10/1
8	外护套雷电冲击电压试验	kV/次	72.5

表 6-3 电缆非电气技术参数表

序号	名称			单位	参数	
1	绝缘	老化前抗张强度		MPa	≥12.5	
		老化前断裂伸长率		%	≥200	
		老化后抗张强度变化率		%	不超过±25	
		老化后断裂伸长率变化率		%	不超过±25	
		电缆段老化后抗张强度变化率		%	不超过±25	
		电缆段老化后断裂伸长率变化率		%	不超过±25	
		绝缘收缩试验		%	≤4	
		热延伸	负荷下伸长率	%	≤175	
			冷却后永久伸长率	%	≤15	
		微孔、杂质和突起	大于0.02mm的微孔	个	0	
			大于0.075mm的杂质	个/10cm³	0	
			半导电屏蔽层与绝缘层界面大于0.02mm的微孔	个	0	
			导体半导电屏蔽层与绝缘层界面大于0.05mm的突起	个/10cm³	0	
			绝缘半导电屏蔽层与绝缘层界面大于0.05mm的突起	个	0	
					PE	PVC
2	外护套	老化前抗张强度		MPa	≥12.5	≥12.5
		老化前断裂伸长率		%	≥300	≥150
		老化后抗张强度		MPa	—	≥12.5
		老化后断裂伸长率		%	—	≥150
		老化后抗张强度变化率		%	—	不超过±25
		老化后断裂伸长率变化率		%	—	不超过±25
		电缆段老化后抗张强度变化率		%	±25	不超过±25
		电缆段老化后断裂伸长率变化率		%	±25	不超过±25
		高温压力试验时的压痕深度		%	≤50	≤50
		热冲击试验				不开裂

续表

序号	名称		单位	参数
2	外护套	低温冲击试验	—	不开裂
		低温拉伸时的断裂伸长率	%	≥20
		热失重时的最大允许失重	mg/cm²	1.5
		碳黑含量	%	2.0～3.0
		刮磨试验时的作用力	N	550 550
3	金属套	腐蚀扩展时的腐蚀范围	mm	≤10
		气密性试验		(0.4±0.01)MPa的压力下2h无泄漏

表 6-4　电缆其他技术参数表

序号	名称	单位	参数
1	电缆在正常使用条件下的寿命	年	30
2	电缆敷设时的最小弯曲半径	m	20D（D 为电缆标称外径）
3	电缆运行时的最小弯曲半径	m	15D（D 为电缆标称外径）
4	电缆敷设时的最大牵引力	N/mm²	70
5	电缆敷设时的最大侧压力	N/m	≤3000

表 6-5　GIS 终端参数表

序号	名称		单位	参数
1	基本结构			预制式
2	导体出线杆	材料		铜
		规格	mm²	800、1000
		引出端外径	mm	参照 IEC 62271
		与电缆导体连接方式		压接（铜）
3	应力锥	材料		三元乙丙橡胶、硅橡胶
		结构		预制式
4	环氧套管	材料		环氧树脂
		结构		预制式

续表

序号	名称		单位	参数
5	终端规格		mm²	800、1000
6	与 GIS 组合电器连接配合高度		mm	参照 IEC 62271
7	额定电压		kV	290/500
8	最高运行电压		kV	550
9	雷电冲击耐受电压峰值		kV/次	±1675/各 10
10	导体额定温度	正常运行时	℃	90
		短路时	℃	250
11	额定电流		A	不小于连接电缆
12	短路电流		kA/s	不小于连接电缆
13	终端设计使用年限		年	30

表 6-6　互联箱（接地箱）、过电压限制器、接地电缆技术参数表

序号	名称		单位	参数
1	互联箱（接地箱）	型式		无间隙氧化锌
		箱体结构及材料		三相共箱式，不锈钢
		直流耐受电压（1min）	kV	25
		雷电冲击耐受电压（正负极性各 10 次）	kV	40
		防水性能（整箱浸入2m深的水中，充0.2MPa气压）		60min 不渗漏
2	过电压限制器	型式		无间隙氧化锌
3	绝缘法兰保护器	型式		无间隙氧化锌
4	接地回流导线（电缆）	导体材料		铜
		内绝缘材料		XLPE
		额定电压	kV	10
5	同轴电缆	内导体 材料		铜
		外导体 材料		铜
		内绝缘材料		XLPE
		额定电压	kV	10

第 6 章　高压电缆　·41·

续表

序号	名称		单位	参数
6	电缆金属套多点接地监测装置	直测式电流传感器交流输入	A	0～100
		直测式电流传感器直流输出	mA	4～20

6.4 结构型式及附属设备

电缆的结构型式及附属设备见表6-7。

表6-7 结构型式及附属设备

序号	结构名称	主要技术要求
1	导体	导体应采用纯度大于99.9%的退火低氧铜，应采用紧压绞合圆形导体。为降低大截面高压电缆线路的损耗，提高电缆的传输容量，导体应采用结构稳定、不易窜动、集肤效应系数小的分割导体结构
2	导体屏蔽层	为避免导体与绝缘屏蔽层之间发生局部放电，保证均匀电场，导体屏蔽层应由半导电包带和挤包的半导电体化合物层组成。挤包的半导电料推荐采用超光滑可交联半导电料，电料应具有优良的分散性、机械强度高、耐高温（250℃）、电阻率均匀稳定等特点，应与绝缘紧密结合
3	绝缘	绝缘应能耐受工作电压及各种过电压的长期作用，应能耐受发热导体的热作用保持应有的耐受电压强度。绝缘材料应为单一均匀的超净化交联聚乙烯，绝缘应由全干式交联工艺生产，生产线生产控制计算机化，工艺参数应选用最佳优化配置
4	绝缘屏蔽层	绝缘屏蔽应为挤包半导电层，在各种运行条件下应与绝缘紧密结合。导体屏蔽、绝缘和绝缘屏蔽三层应是同时挤出的，电缆绝缘线芯应采用立塔生产线制造

续表

序号	结构名称	主要技术要求
5	缓冲层和金属屏蔽层	电缆在绝缘屏蔽层外层应有缓冲层，该缓冲层由半导电弹性材料和具有纵向阻水功能的半导电阻水膨胀带绕包而成，应充分吸收绝缘线芯运行时温升所产生的膨胀，以防止电缆运行时产生绝缘变形。金属护套下应设置具有良好的耐热、导电性能的金属屏蔽层以形成工作电场的低压电极和屏蔽电场，并为电容电流和故障电流提供通路，金属屏蔽层应由铜丝带构成
6	金属护套	金属护套多采用焊接皱纹铝套，铝的纯度一般不低于99.6%，铝套应具有径向防水渗入的密封作用。铝套轧纹深度应合理，弯曲性能好。在竖井中敷设的高压电缆，应采取专门措施，以防止电缆芯线和金属护套间的滑动。金属护套外应使用防腐剂混合物，以免腐蚀。随着设计水平和生产工艺的成熟，金属护套也可采用电缆重量轻、直径小的平滑焊接铝型式
7	外护层	外护套一般以采用聚氯乙烯（PVC）或聚乙烯（PE）为基料的混合料。PVC材料在较高环境温度下电缆的弯曲性能好，黏附性强，阻燃性能好，但绝缘电阻低，吸潮后绝缘电阻进一步下降。PE材料具有较强的防湿、防潮性能，绝缘电阻远超PVC，但阻燃性能差。两种材料分别加入阻燃剂等形成混合料后，均应保证外护套材料氧指数不低于28。外护层表面应涂以均匀牢固的导电层，以有利于试验
8	GIS终端	电缆终端的电气性能应与电缆本体相同。电缆终端与550kV GIS设备相连，应固定牢靠，确保连接的密封性，并且不受GIS运行震动的影响。应力锥材料可采用三元乙丙橡胶或硅橡胶。支架及配件应能承受短路电动力、热机械力等的综合作用
9	附属设备	为保证电缆系统的正常运行，电缆系统中还应配备接地箱、护层保护器、绝缘法兰保护器、接地回流线和同轴电缆等附件
10	监测设备	运行维护中为方便监测电缆的运行状态，宜配置金属护套多点接地监测、电缆局部放电监测等监测装置

第7章 离相封闭母线

7.1 设计原则

离相封闭母线的设计和选型应考虑离相封闭母线的主要参数和结构型式。

7.1.1 主要参数选择

额定工作电压与发电电动机额定电压一致，通常为15.75kV、18kV或20kV。

额定电流应根据所在回路输送的容量和额定工作电压进行计算，并留有一定的裕度。主回路离相封闭母线的额定电流与发电电动机的额定容量和额定电压有关，通常选为12500A、14000A或15000A；启动回路的额定电流与SFC变频装置的容量有关，通常选为1600A或2000A；分支回路的额定电流一般与启动回路的一致。

短时耐受电流及持续时间、峰值耐受电流应根据短路电流计算结果进行校验。

7.1.2 主要结构型式选择

离相封闭母线的外壳连接方式一般分为非全连式和全连式，由于非全连式的屏蔽效果不理想，通常采用外壳全连式型式，并采用多点接地方式。冷却方式一般分为强迫风冷和自然冷却，根据目前蓄能机组的装机容量，通常采用自然冷却。母线系统的固有频率应避开厂房和其他设备的振动频率，应保证封闭母线不发生电磁共振。

7.2 设计标准、规程规范

GB 311.1　　　　绝缘配合　第1部分：定义、原则和规则
GB/T 2314　　　电力金具通用技术条件
GB/T 3190　　　变形铝及铝合金化学成分
GB/T 4208　　　外壳防护等级（IP代码）
GB/T 8349　　　金属封闭母线
GB/T 16927.1~6　高电压试验技术
GB 50149　　　 电气装置安装工程　母线装置施工及验收规范
GB 50150　　　 电气装置安装工程　电气设备交接试验标准
GB 50260　　　 电力设施抗震设计规范
NB/T 25036　　　发电厂离相封闭母线技术要求

7.3 主要技术参数

离相封闭母线的主要技术参数如表7-1所示。

表7-1　　　　　　　主要技术参数表

序号	名称	单位	参数
1	主回路离相封闭母线		
(1)	最高电压	kV	24
(2)	额定工作电压	kV	15.75、18、20
(3)	额定电流	A	12500、14000、15000
(4)	额定频率	Hz	50
(5)	工作频率	Hz	0~52.5
(6)	额定短时耐受电流（有效值）及持续时间	kA/s	100/3、125/3
(7)	额定峰值耐受电流	kA	280、350
(8)	绝缘水平		
	额定1min工频耐受电压（有效值）（湿试/干试）	kV	50/68
	雷电冲击耐受电压（峰值）	kV	125
(9)	允许温升		
	导体	K	50
	外壳	K	30
	导体连结处	K	60
2	分支回路离相封闭母线		
(1)	最高电压	kV	24
(2)	额定工作电压	kV	15.75、18、20
(3)	额定电流	A	1600、2000
(4)	额定频率	Hz	50
(5)	工作频率	Hz	0~52.5
(6)	额定短时耐受电流（有效值）及持续时间	kA/s	160/3、200/3
(7)	额定峰值耐受电流	kA	450、500
(8)	绝缘水平		
	额定1min工频耐受电压（有效值）（湿试/干试）	kV	50/68
	雷电冲击耐受电压（峰值）	kV	125
(9)	允许温升		
	导体	K	50
	外壳	K	30
	导体连结处	K	60
3	起动回路离相封闭母线		
(1)	最高电压	kV	24
(2)	额定工作电压	kV	15.75、18、20

续表

序号	名称	单位	参数
(3)	额定电流	A	1600、2000
(4)	额定频率	Hz	50
(5)	工作频率	Hz	0~52.5
(6)	额定短时耐受电流（有效值）及持续时间	kA/s	160/3、200/3
(7)	额定峰值耐受电流	kA	450、500
(8)	绝缘水平		
	额定1min工频耐受电压（有效值）（湿试/干试）	kV	50/68
	雷电冲击耐受电压（峰值）	kV	125
(9)	允许温升		
	导体	K	50
	外壳	K	30
	导体连结处	K	60

7.4 结构型式及附属设备

离相封闭母线及其附属设备结构型式及技术要求见表7-2。

表7-2 结构型式及附属设备

序号	结构名称	主要技术要求
1	导体和外壳	1. 导体和外壳一般均选用铝材。铝材的纯度不低于99.5%，铝材20℃时的直流电阻率不大于0.029Ω·mm²/m，允许最高温度200℃。铝材表面光洁，不应有肉眼观察到的明显碰伤、擦伤、疤痕、裂纹、气泡、腐蚀点等。导体应采用圆形导体。 2. 所有导体之间和外壳之间的焊缝应满足电气和密封要求。焊缝强度能够承受重量、正确的安装、正常的运输及导体和外壳热膨胀所产生的应力。在焊接部位应有35°~40°的坡口、1.5~2mm的钝边，坡口必须平直。外壳的防护等级不低于IP54。 3. 外壳采用多点通过短路板接地方式，应保证其中至少1处短路板设置可靠接地端子，短路板的截面应满足载流量和动热稳定的要求
2	外壳支撑方式	1. 外壳支撑应能承受封闭母线的静荷载、短路时的动荷载，能够适应外壳在温度变化时的相对位移，以及便于安装时的调整。 2. 支撑构架应采用热镀锌的型钢，可采用金属螺栓方式固定或与土建结构中的预埋钢件可靠焊接方式固定。 3. 金属膨胀螺栓应满足实际工程需要，并留有适当的裕量。 4. 支撑结构的金属部分应可靠接地
3	绝缘子、电流互感器及支撑方式	1. 绝缘子可采用瓷绝缘子或DMC绝缘子（不饱和聚酯玻璃纤维增强团状模塑料绝缘子）。相对瓷绝缘子，DMC绝缘子表面不易吸潮、绝缘性及机械强度稍高、无需增加涂料、维护较简单，但造价比较高。一般气候条件下，两种绝缘子均能满足电气和机械应力的要求，可选用价格相对便宜的瓷绝缘子。但对于南方电站尤其是高潮湿度、高盐雾气候特点的电站，DMC绝缘子适应环境能力更好，建议优先选用。 2. 绝缘子一般采用Y形支撑方式，应能满足母线各种应力的要求，保证导体在绝缘子支撑下达到的自由度及安装状态为最佳，并应避开共振区，使绝缘子的受力状态合理分布。 3. 电流互感器采用一个铁芯一个绕组的型式。电流互感器应配置等电位线（均压弹簧或均压连接线）并保证与母线导体可靠接触，以防止电压不均衡引起而电晕和放电。母线导体应位于电流互感器中心
4	伸缩节	1. 伸缩节用于补偿由于温度变化、震动和基础不同沉降而引起的应力，还应该考虑设备检修更换的需要。伸缩节可采用铝波纹管结构或橡胶波纹管结构。 2. 较长的直线段一般采用铝波纹管结构，导体和外壳均为焊接连接。 3. 母线与设备连接处一般采用橡胶波纹管加软连接的结构。 4. 伸缩节的导体和外壳（除与主变压器外壳外）应采用可拆卸的非磁性螺栓连接方式。 5. 外壳与主变压器应采用端箍连接固定方式
5	磁屏蔽	应在适当的位置采取有效的磁屏蔽措施，以保证离相封闭母线任何位置不对周围建筑物的钢结构产生发热影响。因母线端部漏磁易造成母线与发电电动机连接处邻近构架或风罩内水工钢筋的发热，需特别关注并重点做好防范。采取屏蔽措施后，可触及的钢结构或设备外壳的最高温度在环温为40℃时应不大于70℃，混凝土内钢筋的最高温度（最热点温度）应不大于80℃
6	防结露设施	1. 为保持母线外壳内干燥和清洁，保证母线运行环境良好，需设置防结露设施。 2. 结合抽水蓄能电站机组运行特点和母线密封焊接工艺的控制，宜选用空气循环干燥装置作为防结露设备。一般每回主母线设置1套装置，启动母线设置装置的数量应根据母线的长度和工程的实际需要确定
7	测温装置	1. 离相封闭母线导体各接头部位应设置测温装置。 2. 应至少在每套主回路封闭母线与发电电动机连接处、发电机侧母线电流互感器、发电电动机出口断路器两侧、换相隔离开关（五极）两侧、主变压器低压侧母线电流互感器处、主回路封闭母线与主变压器低压侧连接处等外壳上提供满足红外测温要求的锗玻璃观测窗，用以测量离相封闭母线导体各接头部位温度

第8章 发电机电压回路开关设备

8.1 发电机电压回路开关设备选型原则

发电机电压回路开关设备包括：发电机断路器、换相隔离开关、电制动开关、主回路接地开关，分支回路隔离开关、起动母线隔离开关，分支回路开关柜等设备。

8.1.1 额定电压

发电机电压回路开关设备的额定工作电压与发电电动机额定电压一致，通常为 15.75kV 或 18kV。目前，世界主要发电机电压回路开关设备的额定电压主要有 25.3kV、27kV 和 24kV。

8.1.2 额定电流

额定电流应根据所在回路输送的容量和额定工作电压进行计算，并留有一定的裕度。发电电动机主回路开关设备的额定电流与发电电动机的额定容量和额定电压有关，通常选为 12000A、13500A、16000A、17500A；起动回路的额定电流与 SFC 变频装置的容量有关，通常选为 1600A 或 2000A；分支回路的额定电流一般与起动回路的一致。

8.1.3 短路电流

额定短路开断电流（含交流分量有效值和直流分量百分数）、额定短路关合电流，额定短时耐受电流及持续时间、额定峰值耐受电流应根据电站远景年短路电流计算结果进行校验。

校验用短路电流应按可能发生最大短路电流的正常接线方式计算。当电站设有背靠背起动时，应按背靠背起动时可能发生的最大短路电流计算。若短路电流太大导致设备选择困难，应采取限制短路电流的措施，包括在起动回路内设限流电抗器、增加发电电动机直轴超瞬态电抗值、与电力系统相关单位协调增加主变压器的阻抗电压以及采用"无拖动并网"方式等。

8.1.4 低频特性

招标阶段应要求供货方提供发电机断路器短路电流低频开断特性的计算分析及试验报告。电动工况起动过程中发电机断路器应能在频率为 0~52.5Hz 范围内可靠地工作。如不能达到要求，则需要采取措施避免断路器在其性能之外开断短路电流。

8.1.5 型式选择

（1）断路器选用发电机出口专用 SF_6 断路器。

（2）电制动开关优先选用断路器，断路器参数无法满足要求时也可选用电制动专用隔离开关。

（3）大容量机组宜选择五极式换相隔离开关。

（4）发电机电压回路开关设备宜考虑设置锗玻璃观察窗以满足运维需要。

（5）发电机断路器、起动隔离开关、换相隔离开关应留有不少于 12 副动合和 12 副动断的辅助位置触点，不允许采用继电器扩展。

8.1.6 智能发电机电压回路开关设备要求

配置发电机电压回路开关设备智能管控平台，通过监测包括但不限于电气连接部位温度、局部放电量、断路器分合闸时间、动作电流、视频图像识别等信息，并对采集的信息进行综合分析、智能诊断、设备控制、故障预警，实现与上一级数据中心信息的交互，实现不同系统间的联动。

8.2 设计标准、规程规范

GB/T 311	绝缘配合
GB/T 1984	高压交流断路器
GB/T 1985	高压交流隔离开关和接地开关
GB/T 3906	3.6kV~40.5kV 交流金属封闭开关设备和控制设备
GB/T 4208	外壳防护等级（IP 代码）
GB/T 11022	高压开关设备和控制设备标准的共用技术要求
GB/T 14824	高压交流发电机断路器
DL/T 402	高压交流断路器
DL/T 404	3.6kV~40.5kV 交流金属封闭开关设备和控制设备
DL/T 486	高压交流隔离开关和接地开关
DL/T 5222	导体和电器选择设计技术规定
IEC 62271	高压开关设备和控制装置第 37-013 部分交流发电机断路器

8.3 技术参数

8.3.1 发电机主回路开关设备

发电机主回路开关设备的技术参数如表 8-1 所示。

表 8-1　　　　　　　　　发电机主回路开关设备技术参数表

序号	参数	单位	要求值 A	要求值 B	要求值 C
1	发电机断路器				
(1)	额定电压	kV	25.3	27	27.5
(2)	额定工作电压	kV	≤250MW：15.75 300~350MW：15.75、18 ≥375MW：18	≤250MW：15.75 300~350MW：15.75、18 ≥375MW：18	≤250MW：15.75 300~350MW：15.75、18 ≥375MW：18
(3)	额定频率	Hz	50	50	50
(4)	短时工作频率（电动工况起动时）	Hz	20~52.5	25~52.5	46~54
(5)	额定电流	A	单机≤350MW：13500 单机≥375MW：17500	13500	单机≤300MW：12000 单机≥300MW：16000
(6)	额定短路开断电流（根据远景年系统容量计算，有效值）	kA	≤90	>90	≤90　　>90
1)	系统源侧				
	交流分量有效值	kA	100	130	120	100	125
	直流分量百分数	%	75	75	66	68	68
2)	发电机源侧				
	交流分量有效值	kA	80	104	110	100	125
	直流分量百分数	%	110	120	120	68	68
3)	首相开断系数		1.5	1.5	1.5
4)	振幅系数		1.5	1.5	1.5

续表

序号	参数	单位	要求值 A	要求值 B	要求值 C
(7)	瞬态恢复电压上升速率				
	系统源侧短路电流开断	kV/μs	5.5	5.0	5.0
	发电机源侧短路电流开断	kV/μs	2.0	1.8	2.0
(8)	额定短路关合电流（峰值）	kA	300	360	360	274	343
(9)	额定短时耐受电流（有效值）及持续时间	kA/s	100/3	130/3	130/3	100/3	125/3
(10)	额定峰值耐受电流（峰值）	kA	300	360	360	274	343
(11)	额定操作循环		开断负荷电流： CO-180s-CO 开断短路电流： CO-1800s-CO	开断负荷电流： CO-180s-CO 开断短路电流： CO-1800s-CO	开断负荷电流： CO-180s-CO 开断短路电流： CO-1800s-CO
(12)	开断时间	ms	<68	≤75	≤100
(13)	合闸时间	ms	37±5	≤100	≤150
(14)	固有分闸时间	ms	34±5	≤52	≤50
(15)	合-分时间	ms	58±5	≤100	
(16)	合闸不同期性	ms	≤2	≤2	≤4
(17)	分闸不同期性	ms	≤2	≤1	≤3
(18)	绝缘水平				
1)	1min 工频耐受电压（有效值）				
	相对地	kV	80	65	60
	断口间	kV	80	80	60
2)	雷电冲击耐受电压（峰值）				
	相对地	kV	150	125	125	150
	断口间	kV	150	145	125	150

续表

序号	参数	单位	要求值 A	要求值 B	要求值 C
(19)	温升				
1)	空气中的铜接头	K	有银层：65 无银层：30	65	有银层：65 无银层：40
2)	SF₆中的铜接头	K	有银层：65	65	有银层：65
3)	外接线端子	K	有银层：65 无银层：30	65	有银层：65 无银层：40
4)	外壳及机架	K	30	30	40
(20)	开、合额定负荷电流操作次数		800	≥500	
(21)	开断额定短路电流操作次数		≥5	≥5	≥5
(22)	空载机械操作次数		20000	10000	10000
(23)	SF₆气体年泄漏量		≤0.5%	≤0.5%	≤0.1%
(24)	防护等级		外壳 IP65 控制柜 IP55 电动马达 IP54	外壳 IP65 控制柜 IP55	柜体 IP54
2	换相隔离开关				
(1)	额定电压	kV	25.3	27	24
(2)	额定工作电压	kV	15.75、18	15.75、18	15.75、18
(3)	额定电流	A	单机≤350MW：13500 单机≥375MW：17500	13500	单机≤300MW：12000 单机≥300MW：16000
(4)	额定短时耐受电流（有效值）和时间	kA/s	100/3 130/3	100/3	100/3 125/2
(5)	峰值耐受电流（峰值）	kA	300 360	340	280 313
(6)	合/分时间	s	≤2 ≤2	≤8	6/3 6/3
(7)	绝缘水平				

续表

序号	参数	单位	要求值 A	要求值 B	要求值 C
1)	1min工频耐受电压（有效值）				
	相对地	kV	80	65	50
	断口间	kV	80	80	60
2)	雷电冲击耐受电压（峰值）				
	相对地	kV	150	125	125
	断口间	kV	150	145	145
(8)	温升				
	空气中的铜接头	K	有银层：65K 无银层：30K	65	有银层：65K 无银层：40K
	外接线端子	K	有银层：65K 无银层：30K	65	有银层：65K 无银层：40K
	外壳及机架	K	30	30	40
(9)	防护等级		外壳 IP65 控制柜 IP55 电动马达 IP54	不低于 IP55	柜体 IP54
(10)	机械寿命	次	20000	≥10000	10000
3	电制动开关		断路器	断路器	隔离开关
(1)	额定电压	kV	24	24	24
(2)	额定工作电压	kV	15.75、18	15.75、18	15.75、18
(3)	额定电流	A	8000	6800	17700
(4)	10min允许短时最大工作电流	A	≥16000	20000	17700
(5)	额定短时耐受电流（有效值）和时间	kA/s	63/3	80/4	160/3
(6)	峰值耐受电流（峰值）	kA	190	255	450
(7)	绝缘水平				

第8章 发电机电压回路开关设备

续表

序号	参数	单位	要求值 A	要求值 B	要求值 C
1)	1min工频耐受电压（有效值）				
	相对地	kV	60	65	50
	断口间	kV	60	60	60
2)	雷电冲击耐受电压（峰值）				
	相对地	kV	125	125	125
	断口间	kV	125	125	145
(8)	分/合闸时间不大于	ms	50/50	40/115	
(9)	无检修操作次数	次合分	10000	10000	10000
4	主回路接地开关				
(1)	额定电压	kV	25.3	24	24
(2)	额定短时耐受电流及时间	kA/s	100/1 130/1	120/2	100/1 125/1
(3)	额定峰值耐受电流（峰值）	kA	≥300 ≥360	≥331	≥280 ≥343
(4)	绝缘水平				
1)	1min工频耐受电压（有效值）	kV	80	65	65
2)	雷电冲击耐受电压（峰值）	kV	150	125	125
(5)	关合时间	s	2	≤8	≤6
(6)	机械寿命	次	5000	10000	10000

8.3.2 发电机分支回路和起动回路隔离开关

发电机分支回路和起动回路隔离开关的技术参数如表8-2所示。

表8-2　发电机分支回路和起动回路隔离开关技术参数表

序号	参数	单位	要求值 A	要求值 B	要求值 C
1	起动隔离开关				
(1)	额定工作电压	kV	15.75、18	15.75、18	15.75、18
(2)	额定电压	kV	25.3	27	24
(3)	额定电流	A	4000A/30min	2000	2000
(4)	额定频率	Hz	50	50	50
(5)	工作频率	Hz	0～52.5	0～52.5	0～52.5
(6)	额定短时耐受电流（有效值）及时间	kA/s	160/3	160/3	160/3
(7)	额定峰值耐受电流（峰值）	kA	450	446	450
(8)	绝缘水平				
1)	1min工频耐受电压（有效值）				
	相对地	kV	80	65	50
	断口间	kV	80	80	60
2)	雷电冲击耐受电压（峰值）				
	相对地	kV	150	125	125
	断口间	kV	150	145	145
(9)	温升				
	空气中的铜接头	K	有镀银层：65	65	65
	外接线端子	K	有镀银层：65	65	60
	外壳及机架	K	30	30	30
(10)	无检修操作次数	次合分	≥10000	≥10000	≥10000
2	起动母线隔离开关				
(1)	额定工作电压	kV	15.75、18		
(2)	额定电压	kV	24		
(3)	额定电流	A	2000		
(4)	额定频率	Hz	50		
(5)	工作频率	Hz	0～52.5		
(6)	额定短时耐受电流（有效值）及时间	kA/s	160/3		
(7)	额定峰值耐受电流（峰值）	kA	450		

续表

序号	参数	单位	要求值
（8）	绝缘水平		
1）	1min工频耐受电压（有效值）		
	相对地	kV	65
	断口间	kV	80
2）	雷电冲击耐受电压（峰值）		
	相对地	kV	125
	断口间	kV	145
（9）	温升		
	空气中的铜接头	K	有镀银层：65
	外接线端子	K	有镀银层：60
	外壳及机架	K	30
（10）	无检修操作次数	次合分	≥5000
3	分支回路隔离开关		
（1）	额定工作电压	kV	15.75、18
（2）	额定电压	kV	24
（3）	额定电流	A	2000
（4）	额定频率	Hz	50
（5）	额定短时耐受电流（有效值）及时间	kA/s	160/3
（6）	额定峰值耐受电流（峰值）	kA	450
（7）	绝缘水平		
1）	1min工频耐受电压（有效值）		
	相对地	kV	65
	断口间	kV	80
2）	雷电冲击耐受电压（峰值）		
	相对地	kV	125

续表

序号	参数	单位	要求值
	断口间	kV	145
（8）	温升		
	空气中的铜接头	K	有镀银层：65K
	外接线端子	K	有镀银层：60K
	外壳及机架	K	30
（9）	无检修操作次数	次合分	≥5000
4	分支回路及起动母线接地开关		
（1）	额定电压	kV	24
（2）	额定短时耐受电流及时间	kA/s	160/1
（3）	额定峰值耐受电流（峰值）	kA	≥450
（4）	绝缘水平		
1）	1min工频耐受电压（有效值）	kV	65
2）	雷电冲击耐受电压（峰值）	kV	125
（5）	关合时间	s	≤6（10）
（6）	机械寿命	次	≥5000

8.3.3 厂用分支回路开关柜

厂用分支回路开关柜的技术参数如表8-3所示。

表8-3　　　厂用分支回路开关柜技术参数表

序号	参数	单位	要求值
1	厂用分支回路开关柜（包括1面断路器柜和1面TA柜）		
（1）	额定电压	kV	24
（2）	额定工作电压	kV	15.75
（3）	额定电流	A	1250
（4）	额定频率	Hz	50

续表

序号	参数	单位	要求值
(5)	额定短时耐受电流及时间	kA/s	25/4
(6)	额定峰值耐受电流（峰值）	kA	63
(7)	额定绝缘水平		
1)	1min工频耐受电压（有效值）		
	相对地	kV	65
	断口间	kV	80
2)	雷电冲击耐受电压（峰值）		
	相对地	kV	125
	断口间	kV	145
2	厂用断路器		
(1)	额定电压	kV	24
(2)	额定工作电压	kV	15.75
(3)	额定电流	A	1250
(4)	额定短路开断电流	kA	25
(5)	额定峰值开断电流	kA	63
(6)	开断时间	ms	≤65
(7)	合闸时间	ms	≤80
(8)	分、合闸不同期性	ms	≤2
(9)	开断额定短路电流操作次数	次	≥30
(10)	关合额定负荷电流操作次数	次	≥10000
(11)	空载机械操作次数	次	≥20000
3	接地开关		
(1)	额定电压	kV	24
(2)	额定短时耐受电流及时间	kA/s	25/4
(3)	额定峰值耐受电流（峰值）	kA	≥63
(4)	绝缘水平		
	1min工频耐受电压（有效值）	kV	65
	雷电冲击耐受电压（峰值）	kV	125

续表

序号	参数	单位	要求值
(5)	机械寿命	次	≥5000
4	厂用回路TA（安装于开关柜内）		
(1)	额定电压	kV	24
(2)	额定工作电压	kV	15.75
(3)	额定频率	Hz	50
(4)	一次绕组绝缘水平		
	1min工频耐受电压（有效值）（干试）	kV	50/65
	雷电冲击耐受电压（峰值）	kV	125
(5)	二次绕组绝缘水平		
	1min工频耐受电压（有效值）	kV	3
(6)	局部放电量	pC	≤20

8.4 结构性能

8.4.1 发电机主回路开关设备

发电机主回路开关设备的结构性能如表8-4所示。

表8-4　　发电机主回路设备结构性能表

序号	设备名称	结构型式
1	发电机断路器	1. 断路器操动机构采用液压弹簧（A、C）或纯弹簧（B）操动结构，应能实现远方和现地三相联动、三极驱动操作； 2. 发电机断路器每相外壳的两端应与离相封闭母线外壳焊接； 3. 每一组发电机断路器主回路配置一组电容器，安装在发电机断路器模块内，靠发电机侧。 4. 招标阶段应要求供货方提供发电机断路器短路电流低频开断特性的计算分析及试验报告，如发电机断路器不能在频率为0～52.5Hz范围内可靠地工作，则可以采取先跳FCB（灭磁开关）再跳GCB（发电机断路器）； 5. 现地控制柜应能实现对断路器、换相隔离开关、起动隔离开关、检修接地开关的远方和现地操作（A）； 6. SF$_6$密度继电器与发电机断路器之间的连接方式应满足不拆卸即可校验密度继电器的要求； 7. 为便于电流互感器检修并降低对发电机断路器的影响，电流互感器布置在离相封闭母线内；

续表

序号	设备名称	结构型式
1	发电机断路器	8. 发电机电压回路电压互感器采用全绝缘型式，布置在单独的开关柜内，母线侧装设熔断器。为消除电磁式电压互感器引起的铁磁谐振过电压，在电压互感器二次侧开口三角绕组中加装消谐电阻或采用微机消谐装置。电压互感器柜的设计和结构也应该能够满足在电压互感器一次侧中性点装设非线性消谐电阻的要求
2	起动隔离开关	1. 起动隔离开关应能与发电机断路器安装在同一外壳内（A）； 2. 隔离开关应具有开断起动母线充电电流的能力，并保证关合小电流时的过电压不超过 2.5 倍额定相电压
3	换相隔离开关	1. 换相隔离开关采用空气绝缘、带金属封闭外壳、自然冷却、电动操作、三相五极开关。五极开关可水平布置、垂直布置、错层布置、水平动作（A 或 B）或一体化安装垂直布置、垂直动作（C）； 2. 主回路三相联动、单极驱动；换相回路可两相紧邻布置，两相联动、单极驱动，也可两相分开布置，单极驱动、分相操作（A 或 B）； 3. 换相隔离开关应安装在独立的封闭的金属外壳内，外壳应是刚性、自撑式焊接铝结构； 4. 每组换相隔离开关外壳的两端应有适合与离相封闭母线外壳连接的焊接结构； 5. 操动机构应为电动、三相联动、单极驱动操作； 6. 每组换相隔离开关模块内配置一组电容器（三相），靠主变压器侧布置，装设在换相隔离开关外壳内
4	电制动开关	在发电电动机停机过程中，定子尚存在一定的残压，当电气制动开关投入时，将产生跨越电弧冲击，出现残余短路电流。因此，要求电气制动开关触头应具备抗电弧能力。国内抽水蓄能电站中的电气制动开关普遍采用了断路器和专用隔离开关。 1. 电制动断路器 （1）三台户内单相 SF₆ 气体绝缘断路器，带金属封闭外壳，采用三相联动、电动弹簧操动机构； （2）电制动断路器与发电电动机断路器之间应装有可靠的电气闭锁； （3）电制动断路器应能在母线残压下合闸操作，制动停机时定子电流按 1.1 倍额定电流设计； （4）电制动断路器的相间距应能与主回路离相封闭母线相间距相适应。 2. 电制动隔离开关（刀闸） （1）户内、三台单相空气绝缘隔离开关，带金属封闭外壳，三相联动；

续表

序号	设备名称	结构型式
4	电制动开关	（2）电制动开关与发电电动机断路器之间应装有可靠的电气闭锁； （3）电制动开关应能在母线残压下合闸操作，具有相应的灭弧能力；制动停机时定子电流按 1.1 倍额定电流设计； （4）电制动开关的相间距离应能与主回路离相封闭母线相间距离相适应。 电制动开关应具备作为发电机三相短路试验装置的功能，并能够满足短路试验电流和持续时间的要求
5	主回路接地开关	1. 接地开关仅作检修用，不具有关合或开断负荷电流和故障电流的能力； 2. 接地开关应可以安装在发电机断路器外壳内和换相隔离开关外壳内，也可直接和离相封闭母线相连

8.4.2 发电机分支回路和起动母线隔离开关

发电机分支回路和起动母线隔离开关的结构性能如表 8-5 所示。

表 8-5　　发电机分支回路和起动母线隔离开关结构性能表

序号	设备名称	结构型式
1	分支回路隔离开关和起动母线隔离开关	1. 为了限流电抗器的检修维护，在分支母线上应装设隔离开关和接地开关，接地开关可与隔离开关组合在共同的金属封闭外壳内、安装在电抗器侧； 2. 为方便起动回路设备的运行、维护、检修，在起动母线的中间部分设置分段隔离开关，根据接线形式的不同，隔离开关配置 1 组或 2 组接地开关，接地开关可与隔离开关组合在共同的金属封闭外壳内； 3. 隔离开关相间距离应具有一定的调整空间，以便与离相封闭母线相协调； 4. 隔离开关可以三相垂直安装或三相水平安装，三相垂直安装的隔离开关应配置便于运行维护的平台； 5. 隔离开关及其配套接地开关的操动机构箱应可以挂装在设备本体上或安装于设备底部； 6. 起动回路隔离开关及起动回路接地开关（包括其控制、保护、测量设备），应适合在 0～52.5Hz 频率范围内正常工作； 7. 起动母线隔离开关应具有开断起动母线充电电流的能力，并保证关合小电流时的过电压不超过 2.5 倍额定相电压； 8. 隔离开关外壳应有足够的 IP 防护等级，以便离相封闭母线空气循环干燥装置的正常运行，如 IP 等级不满足要求，应由母线制造厂采取措施

续表

序号	设备名称	结构型式
2	分支回路及起动母线接地开关	1. 接地开关应与隔离开关安装在同一外壳内； 2. 接地开关仅作维护、检修用，无关合及开断电流要求

8.4.3 厂用分支回路开关柜

厂用分支回路开关柜的结构性能如表 8-6 所示。

表 8-6　　厂用分支回路开关柜结构性能表

序号	设备名称	结构型式
1	开关柜	1. 断路器柜采用金属铠装中置式可移开开关柜，TA 柜采用固定式开关柜，开关柜均选择 LSC2 类（具备运行连续性功能）、IAC 级（内部故障级别，并通过该型式试验且能提供型式试验报告）； 2. 柜体的外壳、框架和各功能单元之间的隔板均采用优质敷铝锌钢板弯折后栓接而成，板厚不应小于 2mm，支撑母线套管的防涡流板材为不锈钢； 3. 各功能室及各个回路的单元功能室均采用接地的钢板分隔，互不干扰，不能采用有机绝缘隔板，也不能采用网孔式或栅栏式隔板。隔板等级优选 PM 级。 4. 柜内母线和分支引线均用电解铜母线，其纯度不低于 99.9%，柜中主母线及引下线需用绝缘包封； 5. 柜内断路器导轨、运载小车应有足够的机械强度，以防装载断路器时变形； 6. 开关柜宜从结构上考虑内故障电弧的影响，柜顶应设压力释放板； 7. 沿开关柜排列方向的接地母线应采用铜母线，其截面应不小于 250mm²； 8. 开关柜内的绝缘件（包括绝缘子、套管、隔板和触头罩等）应采用阻燃绝缘材料，绝缘件装配前均应进行局部放电检测，单个绝缘件局部放电量不大于 3pC

续表

序号	设备名称	结构型式
2	断路器	1. 真空三相断路器，操动机构与断路器一体化设计，真空灭弧室采用陶瓷外壳； 2. 经常操作厂用高压变压器空载小电感电流，且过电压倍数不大于 2.5p.u.； 3. 真空断路器的截流应不大于 2A，如可能发生 2.5 倍以上的过电压，应采取措施以保护开关装置； 4. 断路器采用由电动机储能的弹簧操动机构，应能在远方和现地进行三相联动电控操作； 5. 应设置断路器真空度监视装置，真空度小于一定值时应报警，达到规定值时能自动闭锁
3	接地开关	1. 接地开关与断路器之间应有机械联锁和电气防误操作闭锁，以防止误操作； 2. 接地开关与带电显示装置应有联锁装置，以确保电缆线路带电时不能合接地开关； 3. 接地开关与后柜门（包括螺栓把合的后柜门）应实现联锁，接地开关不合闸不能打开后柜门
4	电流互感器	1. 采用环氧树脂浇注支柱式互感器； 2. 如柜内空间允许，电流互感器尽量采用一个绕组一个铁芯的结构； 3. 电流互感器二次回路不设置插拔连接头，互感器应固定安装在柜内，不能安装在可移动的手车上； 4. 分层安装的电流互感器之间应设置金属隔板，其材质应与各个隔室之间的隔板相同

第 9 章　厂　用　电　设　备

9.1　厂用电系统变压器

9.1.1　设计和选型原则

（1）电压等级。

根据厂用电系统电压等级的选择，厂用变压器分为 18(15.75 或其他)/10kV 高压厂用变压器和 10/0.4kV 厂用变压器，其中高压厂用变压器的高压侧电压由电站的发电机出口电压决定。

（2）额定容量。

厂用变压器容量的选择，应当保证在正常情况下，满足全厂厂用负荷的供电，并且不会由于短时过负荷过热而缩短其使用期限。

四台机方案：从两台机机端各引接一回厂用电源，互为备用，根据规范要求，每台厂用电变压器的额定容量应满足所有Ⅰ、Ⅱ类负荷或短时满足厂用电最大负荷的需要。

六台机方案：从三台机机端各引接一回厂用电源，互为备用，或其中一台厂用变压器为明备用时，考虑到业主营地和一些非生产性管理类负荷通常也从厂用电系统引接，每台的额定容量应满足厂用电最大负荷（包括营地负荷）的需要。装设三台以上厂用电电源变压器时，应按其接线的运行方式及所连接的负荷分析确定。

（3）型式。

抽水蓄能电站厂用变压器均布置在户内，根据 NB/T 35044—2014《水力发电厂厂用电设计规程》，应采用干式变压器。厂用变压器高压侧电压属于中压系统，通常选用到的变压器容量也均在干式变压器成熟的水电业绩范围内。

干式变压器具有以下优点：阻燃性能好，无局部放电，抗短路能力和雷电冲击耐受性能好，损耗低，噪声小，体积小，质量轻，维护方便，无污染。油浸式变压器一旦发生故障，就有可能爆炸，引发火灾，造成重大损失，当油浸式变压器附近的设备着火、爆炸或发生其他情况时，也有可能对厂用变压器构成严重威胁。

厂用变压器高压侧由封闭母线分支引出，加装了限流电抗器和断路器，其中断路器为三相，厂用电变压器选用单相意义不大。

抽水蓄能电站厂用变压器优先选用干式三相变压器。

（4）联结组别。

变压器 Dyn11 联结组别的零序阻抗很小，接近正序阻抗，有利于单相接地短路故障保护，另外 Dyn11 联结承受不平衡负荷能力大，可更充分利用厂用电变压器容量，同时 Dyn11 联结变压器的一次侧接成三角形接线，有利于抑制高次谐波电流。

高压厂用变压器联结组别选择为 Dyn11，可以实现 10kV 侧中性点经小电阻接地。低压厂用变压器选择联结组为 Dyn11，可以实现 0.4kV 侧中性点直接接地。

（5）冷却方式。

干式变压器的冷却方式分为自然空气冷却（AN）和强迫空气冷却（AF）。自然空气冷却时，在正常使用条件下，变压器可在额定容量下长期连续运行。强迫空气冷却时，在正常使用条件下，考虑所接负荷的特殊性，变压器输出容量可提高50%，适用于断续过负荷运行或应急事故过负荷运行；由于过负荷时负载损耗和阻抗电压增幅较大，处于非经济运行状态，故不应使其处于长时间连续过负荷运行。

当变压器温升过高时，要求干式变压器所配置的风机能立刻启动，无需运行人员干预，自动控制温升，以保证变压器的长期稳定运行。运行单位需要采取相关措施加强对风机及其配套控制系统等各项设备的维护和管理，以保证厂用高压变压器在用电高峰期的投运和切除安全可靠。

（6）设备布置。

根据蓄能电站的主接线图和高压厂用电接线图，选择合适的位置布置厂用变压器，既要合理利用厂房的空间，又要使变压器的进出线路径便捷顺畅，同时，厂用变压器宜尽量靠近同一供电系统的低压配电盘布置，并设置专用的变压器室，当其中一台发生故障时可避免事故扩大化。另外，厂用变压器应尽量考虑布置于水轮机层及以上高程，以减小水淹厂房事故对厂用电系统的影响。

（7）智能厂用电设备要求。

配置厂用电设备智能管控平台，通过监测包括但不限于电气连接部位温度、局部放电、断路器分合闸时间、动作电流、视频图像识别等信息，并对采集的信息进行综合分析、智能诊断、设备控制、故障预警，实现与上一级数据中心信息的交互，实现不同系统间的联动。

9.1.2 设计标准、规程规范

GB 1094.1	电力变压器	第 1 部分：总则
GB 1094.2	电力变压器	第 2 部分：液浸式变压器的温升
GB 1094.3	电力变压器	第 3 部分：绝缘水平、绝缘试验和外绝缘空气间隙
GB/T 1094.4	电力变压器	第 4 部分：电力变压器和电抗器的雷电冲击和操作冲击试验导则
GB 1094.5	电力变压器	第 5 部分：承受短路的能力
GB/T 1094.10	电力变压器	第 10 部分：声级测定
GB/T 4109	交流电压高于 1000V 的绝缘套管	
GB/T 5273	高压电器端子尺寸标准化	
GB/T 7354	高电压试验技术　局部放电测量	

GB/T 8287.1　标称电压高于1000V系统用户内和户外支柱绝缘子　第1部分：瓷或玻璃绝缘子的试验

GB/T 8287.2　标称电压高于1000V系统用户内和户外支柱绝缘子　第2部分：尺寸与特性

GB/T 10228　干式电力变压器技术参数和要求

GB/T 11022　高压开关设备和控制设备标准的共用技术要求

GB/T 11604　高压电气设备无线电干扰测试方法

GB/T 13499　电力变压器应用导则

GB/T 16927.1　高电压试验技术　第1部分：一般定义及试验要求

GB/T 16927.2　高电压试验技术　第2部分：测量系统

GB/T 17468　电力变压器选用导则

GB 20052　三相配电变压器能效限定值及能效等级

GB/T 22072　干式非晶合金铁心配电变压器技术参数和要求

GB 50150　电气装置安装工程　电气设备交接试验标准

DL/T 572　电力变压器运行规程

DL/T 593　高压开关设备和控制设备标准的共用技术要求

DL/T 596　电力设备预防性试验规程

DL 5027　电力设备典型消防规程

JB/T 8637　无励磁分接开关

9.1.3　主要技术参数和技术要求

厂用变压器的主要技术参数如表9-1所示。

表9-1　厂用变压器技术参数表

序号	名称	单位	标准参数值	
			18(15.75)/10kV 高压厂用变压器	10/0.4kV 厂用变压器
1	额定值			
(1)	变压器型号		SC、SCZ	SCB、SCBZ、SCBH、SCZBH
(2)	铁心材质		冷轧取向硅钢片	冷轧取向硅钢片或非晶合金
(3)	线圈结构		环氧浇注式	
(4)	高压绕组	kV	见表9-2	
(5)	低压绕组	kV	见表9-2	
(6)	联结组		Dyn11	
(7)	额定频率	Hz	50	
(8)	额定容量	kVA	见表9-2	
(9)	相数		3	
(10)	中性点接地方式		经低电阻接地	直接接地
(11)	冷却方式		AN或AF	AN
(12)	联结组		Dyn11	
(13)	调压方式		无励磁调压或有载调压	
(14)	高压分接范围		±2×2.5%、±3×2.5%、±4×2.5%	
(15)	绝缘耐热等级		F级及以上	
(16)	局部放电水平	pC	≤10	
2	绝缘水平			
(1)	高压绕组雷电全波冲击电压（峰值）	kV	125	95
(2)	高压绕组额定短时工频耐受电压（有效值）	kV	55	38
(3)	低压绕组额定短时工频耐受电压（有效值）	kV	35	3
3	温升限值			
(1)	额定电流下的绕组平均温升（F）	K	100	
(2)	额定电流下的绕组平均温升（H）	K	125	
4	空载损耗			
	额定频率额定电压时空载损耗	W	见表9-2	
5	空载电流			
	100%额定电压时	%	见表9-2	
6	负载损耗			
	主分接	W	见表9-2	
7	声级水平，声功率级/声压级	dB	见表9-2	

表 9-2　　　　　　　　　　　　　　　　　　　　　　　主 要 参 数 表

变压器容量(kVA)	调压方式	高压(kV)	高压分接范围(%)	低压电压(kV)	联结组标号	冷轧取向硅钢片 空载损耗(W)	冷轧取向硅钢片 负载损耗(W) F(120℃)	冷轧取向硅钢片 声功率级/声压级(dB)	非晶合金 空载损耗(W)	非晶合金 负载损耗(W) F(120℃)	非晶合金 声功率级/声压级(dB)	空载电流(%)	短路阻抗(%)
100	无励磁/有载	10 10.5	±2.5 ±5	0.4	Dyn11	290	1415	51/45	130	1490	65/52	1.5	4
160						385	1915	52/45	170	2025	66/53	1.3	
200						445	2275	53/45	200	2405	67/54	1.1	
250						515	2485	54/45	230	2620	68/55	1.1	
315						635	3125	54/45	280	3295	69/56	1.0	
400						705	3590	57/46	310	3790	70/57	1.0	
500						835	4390	57/46	360	4635	70/57	1.0	
630						965	5290	57/47	420	5585	71/57	0.85	
630			±2×2.5% ±5/ ±4×2.5%			935	5365	57/47	410	5660	71/57	0.85	6
800						1095	6265	58/47	480	6610	72/58	0.85	
1000						1275	7315	58/48	550	7725	72/58	0.85	
1250						1505	8720	60/51	650	9205	74/60	0.85	
1600						1765	10555	60/52	760	11145	74/60	0.85	
2000						2195	13005	62/53	1000	13725	76/61	0.70	
2500						2590	15455	62/53	1200	16310	76/61	0.70	
5000		20 18 15.75		10 10.5		7100	30000	70/54	—	—	—	0.6	8
6300						9500	39000	84/54	—	—	—	0.6	

9.1.4 性能要求

厂用变压器的结构性能如表 9-3 所示。

表 9-3　　　　　　　　　　　　　　　　　　　　　　　厂用变压器结构性能表

序号	名称	结构型式及技术要求	备注
1	铁芯	1. 铁芯 （1）铁芯为硅钢片。 铁芯为优质冷轧、高导磁、晶粒取向硅钢片（铁芯规格不低于 30ZH120），采用优质环氧树脂。变压器铁芯叠片采用 45°全斜接缝、步进叠装结构，多采用五步叠（若对空损和噪声要求较高可采用七步叠）。 （2）铁芯为非晶合金。 铁芯由非晶合金带材卷制而成，其铁基是一种厚度极薄的非晶导磁材料，其磁滞损耗和涡流损耗都明显低于晶粒取向的硅钢片。三相干式非晶合金铁芯配电变压器系列容量范围为 30~2500kVA，其兼有非晶合金铁芯配电变压器的低空载损耗和干式变压器的阻燃自熄性能，并具有无油、耐潮、抗裂和免维护等特点，适于安装在户内。 2. 非晶合金铁芯配电变压器与传统硅钢配电变压器相比，具有突出的低空载损耗特性。空载损耗为普通干式变压器的 1/4 左右，负载损耗较 GB/T 10228—2008《干式电力变压器技术参数和要求》中规定数值稍低。同时其制造过程程序简化，投入运行后节能效果非常显著，但噪声在满足国际标准的基础上相比硅钢片的要稍大，同时该类产品在推广初期价格略贵。 3. 硅钢片磁致伸缩是变压器产生振动噪声的主要原因，所以要采用磁致伸缩小的优质材料并有效地对其叠装，同时降低铁芯中的磁通密度，对芯柱采用高强度绝缘带绑扎及拉板结构增强机械强度，还应在变压器夹件、底托与铁芯间采用硅胶板作绝缘，以起到减振作用	抽水蓄能电站的厂用变压器常处于不带满负荷运行状态，更适合选用低空载损耗特性的非晶合金铁芯配电变压器，也能较好地满足电站节能降耗的要求。同时，抽水蓄能电站自动化程度较高，按"无人值班"（少人值守）原则设计，非晶合金变压器的噪声对电站运行影响不大
2	绕组	1. 线圈采用铜导线或铜箔绕制，绕组内外表面用预浸树脂玻璃丝网覆盖加强。环氧树脂浇注的高、低压绕组应一次成型，不得修补。所采用铜导体的材料为无氧电解铜，铜纯度不低于 99.9%。 2. 绕组的设计应使高压绕组的冲击电位尽可能呈线性分布，还应使高、低压绕组在技术规范规定的正常运行、过负荷和短路情况下不发生局部过热，保证温度场分布较均匀。在各种可能的电压下，变压器的电场分布均匀。绕组和引线端应有可靠的支撑和固定，以防止短路引起的机械力和运输中的振动产生相对位移	
3	绝缘	1. 线圈采用环氧树脂浇注玻璃纤维增强薄绝缘结构，玻璃纤维与树脂结合后绝缘强度很高，玻璃纤维增强后其机械强度也远高于实际要求。绕组绝缘材料的热膨胀系数应与导体接近，并保证在温度变化时绕组无开裂，避免浇注缺陷。 2. 绝缘技术应要求既要增强浇注层的抗开裂能力，又要提高变压器线圈的散热效率。建议采用复合填料绝缘技术，即在增加填料的同时，在绕组浇注层内埋设用于增强的玻璃纤维网格，以此改善树脂的导热性能，同时消除热传导的壁垒效应。 3. 在高低压线圈间增设了绝缘筒，以限制辐射引起的温升升高	10kV 干式变压器烧毁案例中，多数原因是 A 相高压绕组匝间绝缘老化击穿，经过几年运行后，A 相高压绕组匝间薄弱点绝缘进一步老化和发热，导致事故。因此需要重视绝缘材料的选择和浇注工艺的完善，避免在绝缘中存在气隙或气泡
4	短路下耐受能力	建议绕组采用多层无碱玻璃丝包绕的优质铜导线绕制，同时选用玻璃丝网格布作为层间的绝缘，使得环氧树脂线圈成为坚固的圆筒形刚体，除可承受导线本身的电动力外，还具有很高的抗轴、辐向机械或电动力的冲击能力。低压线圈内侧通过绝缘支撑件与铁芯间撑紧，低压线圈依靠铁芯增加整体的机械强度，提升抗短路能力，合理布置引线的支撑点，增加引线的抗短路能力	变压器实际运行中有时会遇到负载急剧变化、二次侧突然短路的情况，破坏原有的稳态。经过短暂的瞬变过程，变压器运行再达到稳态（如果没有变压器被损坏）。瞬变过程时间虽短，但可能会产生极大的过电压和过电流现象，并伴随巨大的电磁力。因此，变压器应具有良好的电气及机械性能，具备抗突发短路能力强和耐雷电冲击力高等特点，并符合 GB/T 1094.5—2008 的试验规定
5	温度保护	1. 干式变压器温度保护用于跳闸和报警，变压器运行过程中，温度控制装置巡回显示各相绕组的温度值，显示最热一相绕组的温度值，同时应配备超温报警、超温跳闸、声光警示、计算机接口等装置。 2. 若有风机，则需有启、停风机的过载保护，并带有仪表故障自检、传感器故障报警等功能。温控线根据现场要求配置。 3. 设置超温报警温度不超过 105℃，超温跳闸温度不超过 125℃	干式变压器的绝缘寿命决定了变压器的使用寿命。因此应重视对变压器温度的监测及报警

续表

序号	名称	结构型式及技术要求	备注
6	壳体	选用易于安装、维护的铝合金材料、不锈钢材料或者其他优质非导磁材料，外壳厚度不小于2.5mm	
7	电气一次接口	1. 当变压器的低压侧与低压开关柜母线连接为侧出线，制造厂应负责与低压开关柜供货厂家的相应联络及协调工作。变压器外壳应与开关柜同高，制造厂根据低压开关柜所提供的资料进行低压接线端子排、外壳内低压母线及外壳的设计。制造厂还应提供低压母线与开关柜母线的过渡软排。当变压器低压侧还需T接电缆时，卖方应在变压器外壳内设置电缆固定支架以保证电缆可靠连接。 2. 当变压器的低压侧为低压母线槽上出线，制造厂应负责与母线槽厂家的相应联络及协调工作。制造厂应根据低压母线槽的相关资料进行低压接线端子排及外壳的设计，外壳上应设置法兰与母线槽外壳连接或设置相应的保护网，母线槽与变压器端子之间的软连接也由制造厂提供	
8	其他	1. 要求大部分材料由不可燃烧的材料构成。800℃高温长期燃烧下只产生少量烟雾。 2. 用于设备上的套管、绝缘子应有足够的机械及电气强度。 3. 变压器应具有短时过载能力，应达到1.2倍额定容量/20min	

9.2 中压开关柜

9.2.1 设计和选型原则

9.2.1.1 中压开关柜选型原则

中压开关柜设备选型应结合电气主接线形式、高压厂用电接线、安装位置、设备和土建投资及运行维护等因素确定，选择的基本原则是：电气性能满足要求；机械及结构性能良好；适用于设备及人员运行环境；材料的经济性；安装环境条件；中压开关柜布置方式；防火要求；安装维护方便。使用在海拔高于1000m处的中压开关柜，还应对设备的外绝缘进行修正。

（1）额定电压。

根据2.2.2对供电电压等级的选择原则描述，中压开关柜电压等级为10kV。

（2）额定电流。

应根据各供电地点的负荷进行计算统计后选择。

（3）额定绝缘水平。

中压开关柜的绝缘水平应满足运行中各种过电压与长期最高工作电压作用的要求，同时还应满足DL/T 593中表1对绝缘水平的要求。

（4）中压开关柜及断路器型式。

中压开关柜的选择型式应为金属铠装、IAC级、移开式结构。断路器及其配套附件（包括手车，动、静触头，二次接插组件等）采用国外原装进口或进口元件国内组装的产品。断路器应采用国际知名品牌。

（5）布置原则。

为防止因一段母线故障而引起其他段母线故障，从而导致了事故的扩大化，10kV开关柜宜分别布置于不同的房间。

9.2.1.2 中压开关柜配置

抽水蓄能电站一般在地下厂房、上水库、下水库、地面GIS开关站、中控楼等配置12kV中压开关柜。设置中压开关柜的台数、参数、位置等应结合电站的特点、厂用电设计、布置空间等综合考虑，并应结合电站投运后的远景规划设置一定数量的备用开关柜，也可参考类似工程经验选取。

9.2.2 设计标准、规程规范

GB/T 156　标准电压

GB/T 311.1　绝缘配合　第1部分：定义、原则和规则

GB 1984　高压交流断路器

GB 1985　高压交流隔离开关和接地开关

GB/T 3804　3.6kV～40.5kV高压交流负荷开关

GB/T 3906　3.6kV～40.5kV交流金属封闭开关设备和控制设备

GB/T 4208　外壳防护等级（IP代码）

GB/T 7354　高电压试验技术　局部放电测量
GB/T 11022　高压开关设备和控制设备标准的共同技术要求
GB/T 11032　交流无间隙金属氧化物避雷器
GB/T 50065　交流电气装置的接地设计规范
GB 50150　电气装置安装工程　电气设备交接试验标准
GB 50171　电气装置安装工程　盘、柜及二次回路接线施工及验收规范
DL/T 402　高压交流断路器
DL/T 403　高压交流真空断路器
DL/T 404　3.6kV~40.5kV 交流金属封闭开关设备和控制设备
DL/T 486　高压交流隔离开关和接地开关
DL/T 593　高压开关设备和控制设备标准的共用技术要求
DL/T 613　进口交流无间隙金属氧化物避雷器技术规范

9.2.3 技术参数

中压开关柜的技术参数如表 9-4 所示。

表 9-4　　　　　中压开关柜技术参数表

序号	设备名称	项目		主要性能参数
1	中压开关柜	额定电压		12kV
		额定电流		≥630A
		额定频率		50Hz
		额定绝缘水平		
		额定工频 1min 耐受电压（有效值）	断口	48kV
			对地	42kV
		额定雷电冲击耐受电压峰值（1.2/50s）	断口	85kV
			对地	75kV
		额定短路开断电流		≥25kA
		额定短路关合电流		≥63kA
		额定短时耐受电流及持续时间		≥25kA/4s
		额定峰值耐受电流		≥63kA
		开关柜主母线额定电流		≥630A
		开关柜分支母线额定电流		≥630A
		开关柜防护等级	柜体外壳	IP4X
			隔室间	IP2X

续表

序号	设备名称	项目		主要性能参数
2	断路器	额定电压		12kV
		额定电流		≥630A
		额定频率		50Hz
		额定绝缘水平		
		额定工频 1min 耐受电压（有效值）	断口	48kV
			对地	42kV
		额定雷电冲击耐受电压峰值（1.2/50s）	断口	85kV
			对地	75kV
		额定短时耐受电流及持续时间		≥25kA/4s
		额定峰值耐受电流		≥63kA
		额定短路开断电流	交流分量有效值	≥25
			时间常数	45
			开断次数	≥30
			首相开断系数	1.5
		额定短路关合电流		≥63kA
		机械稳定性		≥10000 次
		额定操作顺序	馈线：	O-0.3s-CO-180s-CO
			受电及分段：	O-180s-CO-180s-CO
		操动机构型式或型号		一体化弹操
3	电流互感器	一次绕组绝缘水平		
		（1）一次绕组工频耐压（有效值，1min）		65kV
		（2）一次绕组雷电冲击耐压（峰值）		125kV
		二次绕组绝缘水平		
		（1）二次绕组间工频耐压（有效值，1min）		3kV
		（2）二次绕组对地工频耐压（有效值，1min）		3kV
		（3）二次绕组匝间绝缘耐受电压（峰值）		4.5kV
		额定短时耐受电流（1s，有效值）		25kA
		额定峰值耐受电流		63kA
		一次系统短路电流直流分量衰减的时间常数		300ms

续表

序号	设备名称	项目	主要性能参数
3	电流互感器	对称短路故障电流	137kA
		短路电流倍数	$K_{ssc} \geq 20$
		额定一次电流	1500A
		额定二次电流	1A
		额定二次容量	15VA
		功率因数	1.0
4	电压互感器	一次绕组工频耐压（有效值，1min）	42kV
		一次绕组雷电冲击耐压（峰值）	75kV
		二次绕组间工频耐压（有效值，1min）	3kV
		二次绕组对地工频耐压（有效值，1min）	3kV
5	避雷器	额定电压	12kV
		持续运行电压	9.6kV
		标称放电电流	5kA
		陡波冲击电流下残压峰值（5kA，1/3s）	≤37.2kV
		雷电冲击电流下残压峰值（5kA，8/20s）	≤32.4kV
		操作冲击电流下残压峰值（250A，30/60s）	≤27.6kV
		直流1mA参考电压	≥17.4kV
		长持续时间冲击耐受电流	150A
		4/10μs大冲击耐受电流，2次	65kA/次
5	母线	额定电流	≥630A
		额定短时耐受电流及持续时间	≥25kA/4s
		额定峰值耐受电流	≥63kA
		导体截面积	与开关柜型式试验报告中产品的导体截面积、材质一致

9.2.4 结构性能

中压开关柜的结构性能如表9-5所示。

表 9-5 中压开关柜结构性能表

序号	结构名称	技术要求
1	柜体结构	1. 中压开关柜为金属铠装、IAC级、移开式结构。 2. 开关柜柜门及封板采用冷轧钢板喷涂工艺，其余框架和柜内隔板等板材均为敷铝锌板，板厚不应小于2mm。支撑主母线套管的防涡流板材为不锈钢（如采用绝缘板不能起到防止涡流的作用）。 3. 开关柜应分为断路器室、母线室、电缆室和控制仪表室等金属封闭的独立隔室，且均应通过相应内部燃弧试验，燃弧时间为0.5s及以上内部故障电弧允许持续时间应不小于0.5s，试验电流为额定短时耐受电流，对于额定短路开断电流31.5kA以上产品可按照31.5kA进行内部故障电弧试验。其中断路器室、母线室和电缆室均有独立的泄压通道，泄压通道或压力释放装置的位置应设计合理，当产生内部故障电弧时，压力释放装置应能可靠打开，压力释放方向应可靠避开人员和其他设备。 4. 高压开关柜内避雷器、电压互感器等柜内设备应经隔离开关（或隔离手车）与母线相连，严禁与母线直接连接。其前面板模拟显示图必须与其内部接线一致，开关柜可触及隔室、不可触及隔室、活门和机构等关键部位在出厂时应设置明显的安全警告、警示标识。柜内隔离金属活门应可靠接地，活门机构应选用可独立锁止的结构，可靠防止检修时人员失误打开活门。 5. 各功能室及各个回路的单元功能室均采用接地的钢板分隔，互不干扰，不能采用有机绝缘隔板，也不能采用网孔式或栅栏式隔板。隔板等级优选PM级。 6. 为防止开关柜间串火，开关柜的柜间母线室之间应采取有效的封堵隔离措施。母线穿透的柜间隔板、额定电流2000A及以上进出线穿透的室间隔板优选采用非导磁的不锈钢板。 7. 开关柜内安装的高压电器元器件均必须为加强绝缘型产品，满足全工况运行和凝露污秽试验要求。高压开关柜的同类产品应优选通过凝露污秽试验。 8. 开关柜应具有完善的防误机械联锁装置，即具有防止误分合断路器、防止带负荷分合隔离开关（或隔离插头）、防止带接地开关（或接地线）送电、防止带电合接地开关（或接地线）、防止误入带电间隔等"五防"功能，能有效地防止电气误操作事故的发生。预留装设微机五防编码锁的位置。同时，开关柜应能实现后柜门与接地开关之间的机械和电气闭锁。 9. 照明灯座优选金属材质，满足开关柜内部燃弧故障试验要求，并且在更换灯泡的状态下也能保证作业人员不受内部燃弧的伤害。 10. 为防止高压开关柜内产生凝露，应优选配置空间加热器和自动温度控制器
2	断路器	1. 操动机构采用与断路器一体化的弹簧操动机构，机构应结构紧凑、性能稳定，并具有完善、可靠的电气和机械的辅助元件。 2. 固封极柱式真空断路器将真空灭弧室、一次回路和绝缘拉杆完全固封在一个环氧树脂的极柱内，实现了一次导电回路与外部的完全隔离真空断路器。其和普通的真空断路器在参数上是基本一致的，在常规的海拔1500m以下运行场所性能表现一致，在海拔1500m以上固封式极柱断路器在绝缘方面会有优势。固封断路器虽有环境适应性好、维护简单的优点，但是也有散热不良、容易产生电晕间隙的缺点。由于绝缘材料同金属部件有着不同的收缩比，所以在有较大温度变化的情况下可能会在绝缘材料和金属导体之间产生微小间隙。用电环境中，微小间隙会产生带电体周围电晕，严重的电晕危害会影响绝缘材料的绝缘性能。因此应结合工程的实际情况选择断路器的型式。

续表

序号	结构名称	技术要求
2	断路器	3. 真空灭弧室应采用陶瓷外壳。 4. 真空断路器合闸弹跳时间不大于 2ms；分闸反弹幅值（mm）不应超过额定开距的 20%，生产厂家应提供出厂试验报告。 5. 真空断路器应通过真空度测试，并能提供测试报告。 6. 断路器及其操动机构必须牢固地安装在手车上，并带有拉出可动部分所必需的装置。手车室导轨应可靠和便于断路器推进和滑出。操作时产生的振动不得影响柜上的仪表、继电器等设备的正常工作。断路器手车在柜内任何位置均应与柜体可靠接地，要求采用在底盘车两侧装设接地装置来实现可靠接地。断路器手车操作时，必须确保在开关柜关门状态下方可由试验位置移动到工作位置。 7. 断路器与开关柜柜体应尽量采用同一品牌，如不是同一品牌，应提供断路器生产厂家的授权证明文件
3	电流互感器	1. 采用干式、低磁密的电磁式电流互感器。 2. 电流互感器二次回路不设置插拔连接头，应固定安装在柜内，不能安装在可移动的手车上。互感器的安装位置应便于运行中进行检查、巡视。 3. 互感器的伏安特性、准确度级及额定负载均应能满足继电保护及仪表测量装置的要求。 4. 电流互感器的短时耐受电流及短路持续时间、峰值耐受电流均满足高压开关柜铭牌的要求
4	电压互感器	1. 采用干式、低磁密的电磁式电压互感器。 2. 电压互感器二次回路不设置插拔连接头，电压互感器应安装在移动的手车上，其安装位置应便于运行中进行检查、巡视。 3. 互感器的伏安特性、准确度级及额定负载均应能满足继电保护及仪表测量装置的要求
5	母线	1. 柜内母线和分支引线均用电解铜母线，其纯度不低于 99.9%；柜中主母线及引下线需用绝缘包封。 2. 所有母排及引线连接处应加阻燃型的绝缘盒，绝缘盒与导体上绝缘层的搭接长度不小于 50mm。 3. 导体搭接处两面的平整度应满足 GB/T 5585.1—2018 要求，接触面的电流密度应满足 DL/T 5222—2005 要求，镀银厚度要求不小于 6μm。 母线紧固螺丝应采用不小于 ϕ16 规格的螺丝。 4. 不允许母线交叉换相。 5. 柜内主母线应有支持绝缘子的支撑，支持绝缘子水平间距不大于 1200mm，垂直间距不大于 1000mm
6	其他	1. 高压开关柜内的绝缘件（如绝缘子、套管、隔板和触头罩等）应采用阻燃绝缘材料。 2. 为防止发生单相短路故障，同时避免出现谐振过电压，10kV 中压开关柜宜设置小电阻接地装置或消弧线圈接地装置。

续表

序号	结构名称	技术要求
6	其他	3. 考虑到开关柜会发生电弧光故障，为将对设备的损害降至最低，同时对已投运的、采用老式开关柜、经常年使用后更易发生弧光故障的开关柜，建议安装专用的弧光保护装置，从而避免了当故障扩大后所带来的长时间的、破坏严重的、昂贵的停工维修。 4. 避雷器应安装在移动的手车上

9.3 低压开关柜及检修插座箱

9.3.1 低压开关柜设计和选型原则

9.3.1.1 低压开关柜选型原则

低压开关柜设备选型应结合厂用电系统接线、安装位置、设备和土建投资及运行维护等因素确定，选择的基本原则是：电气性能满足要求；机械及结构性能良好；适用于设备及人员运行环境；材料的经济性；安装环境条件；低压开关柜布置方式；防火要求；安装维护方便等。若使用在海拔高于 1000m 处的低压开关柜，还应对设备的外绝缘进行修正。

为保证厂用电系统做到安全可靠、经济合理，同时为了保证人身和设备安全及系统的正常运行，0.4kV 低压系统接地形式采用 TN-S 系统，由 0.4kV 供电的独立建筑物内且有抗共模电压干扰要求时其低压配电系统接地形式采用 TN-C-S 系统。为防沿电源线路导入雷电脉冲过电压，对布置在独立建筑物内的低压配电盘中增加电涌保护器（SPD）。

（1）额定电压。

根据 2.2.2 对供电电压等级的选择原则描述，低压开关柜电压等级为 0.4kV。

（2）水平母线和分支母线额定电流。

应根据低压开关柜主回路和各分支回路所接负荷进行计算统计后选择合适的额定电流。

（3）额定分断能力和极限分断能力。

应根据低压系统的短路电流计算后，选择合适的额定分断能力和极限分断能力。

（4）低压开关柜的型式。

低压开关柜型式一般可分为抽屉式开关柜和固定式开关柜。抽屉式开关柜较固定式开关柜具有回路布置灵活、维护方便（回路故障时可用相同备用回路代替）、出线回路数多、节省空间等优势，是目前使用较为广泛的型式，也是本分册推荐的型式。

低压开关柜柜型应满足 IEC 60439 中规定的内部分隔形式最高达形式 4 的要求。开关柜应为 IEC 60439 中规定的 TTA 型低压开关柜的要求，并能提供相关的试验报告和承诺文件。

（5）断路器型式。

断路器的额定电流、额定开断能力等应根据所接回路的负荷特性、额定容量、供电距离等，经校验电压降和开关的灵敏度后选择合适的断路器，同时还应结合断路器多段保护功能进行科学合理的匹配，才能使相应负荷得到有效保护。

（6）布置型式。

低压开关柜的布置应结合各供电负荷的位置进行配置。

9.3.1.2 低压开关柜配置

抽水蓄能电站一般设置机组自用电、全厂公用电、上水库供电、下水库供电、中控楼供电、检修专用供电、全厂保安专用供电等 400V 低压开关柜，并根据各蓄能电站的厂用电接线特点，还可设置尾闸供电、排风楼供电、厂外机修厂供电、取水泵站供电等 400V 低压开关柜。设置低压开关柜的台数、参数、布置位置等应结合各电站的特点、厂用电设计、布置空间等综合考虑，并应结合电站投运后的远景规划设置一定数量的备用回路，也可参考类似工程经验选取。

9.3.2 设计标准、规程规范

GB/T 4208	外壳防护等级（IP 代码）
GB/T 6829	剩余电流动作保护器（RCD）的一般要求
GB 7251.1	低压成套开关设备和控制设备　第1部分：总则
GB/T 10963.1	家用及类似场所过电流保护断路器　第3部分：用于直流的断路器
GB/T 13534	颜色标志的代号
GB/T 13955	剩余电流动作保护装置的安装和运行
GB/T 14048.1	低压开关设备和控制设备　第1部分：总则
GB/T 14048.2	低压开关设备和控制设备　第2部分：断路器
GB/T 14048.3	低压开关设备和控制设备　第3部分：开关、隔离器、隔离开关及熔断器组合电器
GB/T 14048.4	低压开关设备和控制设备　第4-1部分：接触器和电动机起动器　机电式接触器和电动机起动器（含电动机保护器）
GB/T 14285	继电保护和安全自动装置技术规程
GB/T 16917.1	家用和类似用途的带过电流保护的剩余电流动作断路器（RCBO）第1部分：一般原则
GB/T 20840.2	互感器　第2部分：电流互感器的补充技术要求
GB 50150	电气装置安装工程　电气设备交接试验标准
NB/T 35044	水力发电厂厂用电设计规程
IEC 60439-1	低压成套开关设备和控制设备
IEC 60529	外壳防护等级（国际防护等级代码）
IEC 60947-3	低压转换开关和控制开关

9.3.3 技术参数

低压开关柜的技术参数如表 9-6 所示。

表 9-6　　　　　低压开关柜技术参数表

序号	项目名称	项目名称	主要性能参数
1	低压开关柜	额定电压	0.4kV
		主母线额定电流	至 6300A
		分支母线额定电流	至 4000A
		额定频率	50Hz
		短时耐受电流（有效值）/持续时间	主母线：至 150kA/1s
			馈电母线：至 100kA/1s
		峰值耐受电流	主母线：至 330kA
			馈电母线：至 220kA
		开关柜防护等级	至 IP54
2	断路器（框架断路器、塑壳断路器、微型断路器等）	额定工作电压	AC690V
		额定工作电流	100\160\250\400\630\800\1000\1250\2500\3150\4000A
		额定频率	50Hz
		额定短路开断电流	≥65/50/35/25kA
		操作电源	DC220V

9.3.4 结构性能

低压开关柜的结构性能如表 9-7 所示。

表 9-7 低压开关柜结构性能表

序号	结构名称	结构型式
1	低压开关柜	1. 开关柜柜型应为抽屉式低压组合开关柜。 2. 柜体主框架应采用敷铝锌钢板成型的框架，板厚不应小于 2mm；两侧面分别带有模数为 25mm 的安装孔；对于进线电流在 3200A 以上的开关柜，应采用防磁骨架。 3. 低压开关柜出线方案应齐全（前接线和后接线）；标准模数 E=25mm，总模数为 72E，柜体高度为 2200mm。 4. 开关柜应用覆铝锌隔板分成母线室、电缆室、功能单元室等。 5. 开关柜的框架为组装式结构，框架及零部件均采用螺钉紧固连接而成。柜体应有足够的强度和刚度，能承受短路时所产生的电动力、热应力和安装元件时所产生的机械外力。 6. 功能单元应有三个明显的位置：连接位置、试验位置、分离位置。 7. 功能单元的抽出机构应能进行不少于 100 次的机械寿命试验。 8. 一次插件的所有连接的部都应镀银处理以降低接触电阻，改善内部发热情况，保证可靠性。 9. 开关柜抽屉的推进、抽出灵活方便，允许频繁操作，相同规格的抽屉应有互换性。 10. 屏内应设置根据湿度自动控制的电加热器。电缆室应设置照明装置，与柜门联锁。照明灯座优选金属材质。 11. 低压开关柜应通过全型式试验（TTA），即每种设计方案和规格都应通过试验室的试验，并进行了论证，如母线、元器件、电缆等，能充分保证设备运行的可靠性。 12. 低压开关柜采用标准化和典型化的模块制成，模块具有多种组合可能性；配置灵活保证供电的可靠性
2	断路器（框架断路器、塑壳断路器、微型断路器等）	1. 断路器额定电流为 800A 及以上的均采用框架断路器。框架断路器应具备四段保护功能：短路瞬动保护、过载保护、短路短延时保护和接地保护。 2. 断路器额定电流为 630A 及以下的均采用塑壳断路器。塑壳断路器应具备三段保护功能：短路瞬时、短路短延时、过载长延时保护。 1）框架断路器使用寿命（次）：机械和电气寿命分别不少于 20000 次（循环操作次数）和 7000 次； 2）塑壳断路器使用寿命（次）：机械和电气寿命分别不少于 20000 次（循环操作次数）和 7000 次； 3）微型断路器使用寿命（次）：机械和电气寿命分别不少于 4000 次（循环操作次数）。 3. 所有塑壳断路器均配置电动操动机构，能远方和现地操作，并具备自动储能功能。 4. 开关脱扣器应具有现场可调脱扣电流整定值的功能。

续表

序号	结构名称	结构型式
2	断路器（框架断路器、塑壳断路器、微型断路器等）	5. 在额定环境条件下，开关不应降容使用。 6. 应为模块化结构设计，方便断路器功能的扩充而无须改变断路器的结构和低压配电柜的结构。 7. 断路器与柜体宜为同一品牌

9.3.5 检修插座箱

（1）检修插座箱的配置。

为方便电站内的检修用电（如电焊机、电钻等）或需要临时引接电源，应在电站内设置一定数量的检修插座箱，其配置应能满足为附近区域（一个机组段区域的）引接检修用电设备的需要。

为满足 DL/T 5370《水电水利工程施工通用安全技术规程》中 6.5.10 的要求，应在电站地下厂房的蜗壳层、水轮机层的检修系统中增设 12V 供电装置。

（2）检修插座箱的主要技术要求。

1）检修插座箱可分为落地式和挂墙式两种，具体安装方式应结合不同电站的实际需要进行设计。

2）检修插座箱内应有防潮用电加热器，要求根据温度和湿度自动启停。

3）检修插座箱箱体材料采用优质不锈钢板（钢板厚度不小于 1.5mm），结构牢固且外形美观，箱体颜色为不锈钢原色。户外式要求带防雨顶罩。防护等级不低于 IP44。

4）检修插座箱内进线开关布置在箱体上部，馈线接线端子、检修插座布置在箱体下部，并设置独立小门以方便使用。

5）检修插座箱内的检修插座应配用国际知名品牌产品，动力插座应带有防护盖，相同电流等级的插座与插头应配套。

6）检修插座箱应有专用接线端子接电缆，便于进、出线。

7）检修插座箱内断路器建议采用塑壳断路器，塑壳断路器采用固定式安装。

8）箱内元件的安装与接线应使其功能不致于相互作用（如发热、电弧、振动、能量场）而受到损害，控制电路与电源电路之间应隔离或屏蔽。

9）进线开关应采用转接母排与进线电缆接线端子连接。

10）检修插座箱内断路器应具有瞬时短路保护和过载保护，带漏电保护器（除试验插接回路外）。

9.4 低压母线

9.4.1 设计和选型原则

低压母线槽的选型应结合电站电气主接线、厂用电接线、安装位置、设备和土建投资以及运行维护的需要等因素确定，从而选择出电气性能高、机械结构性能良好、便于连接、材料经济的母线槽型式。

低压母线槽的型式可选用密集型母线槽和全绝缘浇注型母线槽。

由于蓄能电站地下厂房设置的检修负荷布置分散，且部分检修负荷容量大，需多层、多处设置检修插座箱；检修负荷用电同时率低，采用专用密集型母线槽不仅便于多层、多处引接检修插座箱，并可大大减少电缆的引接和敷设，因此蓄能电站的检修系统宜采用密集型母线槽。

除检修系统外的厂用电系统，宜选用具有防护等级高（IP68）、耐火、耐水、耐腐蚀、结构紧凑、散热性能良好、使用寿命高且免维护的全绝缘浇注母线槽，用于厂用变压器和低压配电盘之间的连接以及不同低压母线段之间的连接。

9.4.2 设计标准、规程规范

GB/T 1043　　　塑料　简支梁冲击性能的测定
GB/T 2423.17　　电工电子产品环境试验　第2部分：试验方法试验Ka：盐雾
GB/T 4208　　　外壳防护等级（IP代码）
GB/T 5585.1　　电工用铜、铝及其合金母线　第1部分：铜和铜合金母线
GB 7251.6　　　低压成套开关设备和控制设备　第6部分：母线干线系统（母线槽）
GB/T 12666.6　　电线电缆耐火特性试验方法
GB/T 19216.21　　在火焰条件下电缆或光缆的线路完整性试验　第21部分：试验步骤和要求额定电压0.6/1.0kV及以下电缆
CECS 170：2004　低压母线槽选用、安装及验收规程
JB/T 13690　　　浇注型母线槽

9.4.3 技术参数

低压母线的技术参数如表9-8所示。

表9-8　　　　　　　　　母线技术参数表

序号	主要性能参数	
1	额定工作电压（V）	400
2	额定绝缘电压（V）	690
3	不同电流等级下的导体截面（mm²）	
	额定工作电流（A）	导体截面（mm²）
	630	≥240
	800	≥330
	1000	≥420
	1250	≥540
	1600	≥690
	2000	≥840
	2500	≥1100
	3150	≥1380
	4000	≥1700
4	额定频率（Hz）	50
5	额定工频耐受电压（kV）	3
6	额定短时耐受电流（1s，有效值）（kA）	65（I_n≤2000A）/85（I_n≥2500A）
7	额定峰值耐受电流（kA）	176/110/70
8	防护等级	≥IP68（全绝缘）/≥IP68（密集型）
9	防撞等级	≥IK10（全绝缘）
10	额定电流温升	≤50K（全绝缘）/≤70K（密集型）
11	环境条件 相对温度（℃）	-40～50
	相对湿度（环境温度25℃）（%）	90
	海拔高度（m）	4000及以下

9.4.4 主要结构性能

（1）结构型式应为全绝缘浇注式母线槽或密集型母线槽。

（2）全绝缘浇注母线应选用具有自燃性、低烟无毒、防水、防爆、防腐的由无机矿物质、数值及其他填料组成的绝缘混合物。满足GB/T 19216.21

在火焰条件下线路完整性要求,并由国内相关权威检验机构提供试验报告。

(3) 母线槽在轴向和辐向上应能满足支架或基础在 40mm 以内的不同沉降和位移。其支撑的钢结构应涂漆或热浸锌处理。

(4) 母线槽标标准直线段单根母线长度应大于 4.5m,并应制成 90°转弯段和各种不同长度的配合段。在 90°转弯处应预留连接段,连接后整体现场浇注。全绝缘浇注母线的设计和预制应尽最大限度减少现场安装工作量及难度。

(5) 母线槽内导电铜排应采用优质电解铜轧制成的电工硬铜排,含铜量不低于 99.9%。导电铜排应采用先进的电镀工艺,整条镀锡处理。

(6) 母线槽须具备相当过载能力,生产厂商须提供由国内相关权威检验机构出具之试验报告,证明母线槽于 1.6 倍额定电流下能保持 2h 正常工作运行能力。

(7) 母线槽应为 100% 原厂产品,不得为贴牌产品,制造商应具有 10 年以上的全绝缘浇注型母线槽的生产经验。

(8) 母线槽必须有中国国家强制性产品认证 CCC 证书,且所供产品规格(包括但不仅限于额定电流档 I_n、额定短路容量 I_{cw}、防护等级 IP 等)必须涵盖在认证范围内,即在《中国国家强制性产品认证 CCC 证书》及《国家强制性产品认证试验报告》中明确标示。

(9) 母线槽须为成熟产品,在国内须有至少 3 个以上大型同类项目案例,且这些案例须成功运行至少 10 年以上,并须提供上述案例的用户意见。

(10) 母线槽整体寿命不小于 60 年。

9.5 柴油发电机组

9.5.1 设计和选型原则

9.5.1.1 柴油发电机组设置原则

抽水蓄能电站装机容量大,运行工况多,电气设备布置在地下洞室内,其通风空调、排水、消防、照明等厂用负荷要求高,因此要求厂用电源有较高的供电可靠性和灵活性,以确保电站的安全可靠运行。根据 NB/T 35044—2014《水力发电厂厂用电设计规程》第 3.1.3 条规定,水淹厂房危及人身和设备安全的水电厂和重要泄洪设施无法以手动方式开启闸门泄洪的水电厂应设置厂用电保安电源,其电源通常选用柴油发电机组。

(1) 地下厂房。

厂用电电源首先考虑从发电电动机电压母线引接,另从施工中心变电站(永久)引接外来厂用电源,作为电站的备用电源。当以上主供电源和备用电源全部失去时,为保证渗漏排水、事故排烟、通风、应急照明等系统的运行以及黑启动电源的供电可靠性,根据 NB/T 35044—2014《水力发电厂厂用电设计规程》和 NB/T 10072—2018《抽水蓄能电站设计规范》规定,应配备柴油发电机组作为电站地下厂房的应急电源。

(2) 上、下水库。

地震灾害发生时可能出现电网和电站发电设施遭受破坏的现象,为确保下水库大坝等水工建筑物的安全,及时降低库水位,避免次生灾害发生,泄洪建筑物启闭设备除了应配备两路不同电源外,还应配备柴油发电机组作应急电源。

为了避免地震灾害发生时上水库水进入地下厂房造成水淹厂房事故扩大的情况发生,保证上水库事故门机的供电可靠性,宜配备柴油发电机组作应急电源。

9.5.1.2 型式选择

柴油发电机组及其附属设备应布置在单独房间内,一般厂用电系统的柴油发电机组如无特殊要求,宜选用固定式。若应急负荷点多,各点计算负荷容量小,根据枢纽布置特点以及用途,可选用移动式柴油发电机组。

9.5.1.3 电压等级选择

常用的低压柴油发电机组额定电压为 0.4kV,高压柴油发电机组额定电压为 10kV。

(1) 泄洪建筑物。

作为泄洪建筑物的应急电源,机组宜靠近一级负荷或配变电站布置,在发生紧急状况下保证泄洪设施的安全运行。抽水蓄能电站泄洪建筑物启闭设备电机功率相对较小,低压柴油发电机组具有热效率高、启动迅速、结构紧凑、占地面积小、维护操作简单等特点,泄洪建筑物应急电源宜选择低压柴油发电机组。

(2) 地下厂房。

抽水蓄能电站规模大,地下厂房应急负荷点布置分散,计算容量较大。若柴油发电机组布置在地下厂房内,需对通风、机组排烟及消防采取相应的措施。如果电站发生水淹厂房的情况，柴油发电机组作为应急电源的安全性能差。通常将柴油发电机组布置在户外的单独房间内，故柴油机房与负载间距离较远。低压柴油发电机组线路损耗较大，低压供电线路线径大，如采用升压变压器，则故障点增多。高压柴油发电机与电站供电电压一致，可直接接入供电系统，运行安全可靠。根据电站枢纽布置、负荷分布情况及柴油发电机组容量，经技术经济综合比较，地下厂房应急电源宜选择高压柴油发电机组。

9.5.1.4 容量选择

一般柴油发电机组运行的经济负荷为70%~80%。在配置柴油发电机组时，容量选择过大，柴油发电机组负荷小于50%长时间轻载运行，会造成活塞环处、喷油嘴处积碳严重，气缸磨损加剧等严重后果；容量选择过小，会使发电机组过载运行，降低机组可靠性和寿命，甚至在关键时刻超载停机，造成事故。

影响柴油发电机组容量选择的因素很多，包括供电负荷大小、性质，输电距离，电动机容量，启动次序，柴油机的调速性能，过载能力，柴油发电机组在高海拔、气候寒冷地区的降容问题，发电机的技术性能、励磁、调压方式等。因此，要根据柴油发电机组的使用条件和供电负荷大小和种类合理选择机组的容量。

(1) 柴油发电机组供电负荷分类。

一般柴油发电机组作为电站的应急保安电源，供电负荷一般包括地下厂房和上、下水库两部分。

1) 地下厂房柴油发电机组负荷分类。

a) 厂内保安负荷，主要包括厂内渗漏排水泵、消防供水泵、直流充电电源和通信充电电源、火灾报警及工业电视、尾水事故闸门门机、地下厂房部分通风及事故照明等；

b) 电站黑启动负荷，主要包括励磁系统、技术供水泵、调速器油压装置油泵、进水阀油压装置油泵、高压油顶起装置高压油泵、推力轴承冷却油泵、地下厂房部分通风及事故照明等。

2) 上、下水库柴油发电机组负荷分类。

a) 泄洪设施用电负荷（应计及的容量为需要同时工作的工作闸门启闭机）；

b) 上水库进出水口启闭设备用电负荷（应计及的容量为需要同时工作的事故闸门启闭机）。

(2) 柴油发电机组容量选择的原则。

根据NB/T 35044—2014《水力发电厂厂用电设计规程》第7.2条规定：

1) 柴油发电机组容量应根据其用途，按以下方法进行选择：

a) 如作为厂用电保安电源，其容量需大于最大保安负荷；

b) 如作为黑启动电源，其容量需大于启动一台机组所必需的用电负荷；

c) 如既作为厂用保安电源，也兼做黑启动电源，其容量应按保安负荷与黑启动负荷两者的最大值选取。柴油发电机组负荷计算应考虑水电厂负荷的投运规律。对于在时间上能错开运行的负荷不应全部计入，可以分阶段统计同时运行的负荷，取其大者作为计算负荷；

d) 如作为备用电源，其容量应满足备用电源容量要求。

2) 柴油发电机组应按下列条件进行校验：

a) 按带负荷后启动最大的单台电动机或成组电动机的启动条件校验计算发电机容量。

b) 按空载启动最大的单台电动机时母线允许电压降校验发电机容量。此时厂用电母线上的电压水平不宜低于额定电压的75%，有电梯时不宜低于80%。

c) 柴油机输出功率复核。

9.5.1.5 发电机组中性点接地方式

根据NB/T 35044—2014《水力发电厂厂用电设计规程》第7.1.5条规定：

（1）当厂用电系统中仅装设一台柴油发电机组时，发电机中性点应直接接地，发电机的接地形式宜与低压厂用电系统的接地形式相一致。

（2）当厂用电系统中装设两台及以上柴油发电机组并列运行时，发电机中性点宜经隔离开关接地，当发电机的中性导体存在环流时，应只将其中一台发电机的中性点接地。

（3）当厂用电系统中装设两台及以上柴油发电机组并列运行时，每台发电机的中性点可分别经限流电抗器接地。

9.5.1.6 柴油发电机房布置

（1）柴油发电机房可布置于建筑物的首层、地下一层或地下二层，不应布置在地下三层及以下。当布置在地下层时，应由通风、防潮、机组的排烟、消声和减震等措施并满足环保要求。

（2）柴油发电机组的现场储油量原则按满足机组满负荷连续运行 8h 进行确定，偏远地区电站可根据实际情况适当提高运行小时数。具体工程根据选定的柴油发电机组容量计算现场储油量。当储油量不大于 1m³ 时，可不设置储油罐，日用油箱布置在机房的储油间内；当储油量大于 1m³ 时，除设置不大于 1m³ 的日用油箱外，还应设置地埋式储油罐，布置应满足相关防火规范要求。

（3）柴油机房应满足给水排水、暖通和土建的相关规定。

9.5.1.7 负载柜

为使柴油发电机组在维护时尽量在经济负荷下运行，避免因空载或轻载运行而产生积碳、加剧气缸磨损，应配置柴油发电机负载柜。

9.5.2 设计标准、规程规范

GB/T 755	旋转电机 定额和性能
GB/T 1859	往复式内燃机声压法声功率级的测定
GB/T 2423.16	电工电子产品基本环境试验 第 2 部分：试验方法 试验 J 及导则：长霉
GB/T 2820	往复式内燃机驱动的交流发电机组
GB/T 4712	自动化柴油发电机组分级要求
GB/T 6072	往复式内燃机 性能
GB/T 12786	自动化内燃机电站通用技术条件
JGJ 16	民用建筑电气设计规范
NB/T 10072	抽水蓄能电站设计规范
NB/T 35044	水力发电厂厂用电设计规程
IEC 60529	外壳防护等级（国际防护等级代码）

9.5.3 电气性能参数

柴油发电机的电气性能参数如表 9-9 表示。

表 9-9 柴油发电机电气性能参数表

序号	参数	单位	运行极限值	备注
1	频率降（δfst）	%	≤5	
2	稳态频率带	%	≤1.5	

续表

序号	参数	单位	运行极限值	备注
3	相对的频率整定下降范围	%	≥(2.5+δfst)	
4	相对的频率整定上升范围	%	≥+2.5	
5	频率整定变化速率	%/s	0.2~1	
6	（对初始频率的）瞬态频率偏差	%	≤+12	100%突减功率
		%	≤-(10+δfst)	突加功率
7	（对额定频率的）瞬态频率偏差	%	≤+12	100%突减功率
		%	≤-10	突加功率
8	频率恢复时间	s	≤5	
9	相对的频率容差带	%	2	
10	稳态电压偏差	%	≤±1	
11	电压不平衡度	%	1	
12	电压整定范围	%	±5	
13	电压整定变化速率	%/s	0.2~1	
14	瞬态电压偏差	%	≤+25	100%突减功率
		%	≤-20	突加功率
15	电压恢复时间	s	≤6	
16	电压调制	%	0.3	
17	有功功率分配	%	≤±5	80%和100%标定定额之间
		%	≤±10	20%和80%标定定额之间
18	无功功率分配	%	≤±10	20%和100%标定定额之间

注 ① 在空载额定电压时的线电压波形正弦性畸变率不大于 5%。
② 在额定工况下从冷态到热态的电压变化不超过±2%。
③ 线电压的电话谐波含量不大于 3%。
④ 各独立电气回路对地及回路间的绝缘电阻应不低于 10.5MΩ。
⑤ 应采取抑制无线电干扰的措施，干扰值应满足规范的要求。
⑥ 机组应具有过电流保护措施。
⑦ 启动柴油发电机时，蓄电池连接电缆的总压降应不超过标定蓄电池电压的 8%。

9.5.4 结构和技术要求

柴油发电机的结构和技术要求如表 9-10 所示。

表9-10　　　　　　　　　柴油发电机结构和技术要求表

序号	结构名称	技术要求
一		柴油发动机
1	润滑系统	在无人操控的情况下，润滑油系统应保证机组的连续工作时间不少于12h。 润滑油系统应布置在合理的位置，以便于润滑油的添加。 润滑油系统应配有优质密封材料，以防止润滑油泄漏。 润滑油过滤器的结构型式及安装位置应便于更换，过滤器的报废更换周期不小于500h
2	冷却系统	机组应自带风扇，散热片的型式应适应所选的柴油发电机组。散热片和冷却风扇应设保护罩，以防硬物卷入损坏。 冷却系统应满足在运行环境温度条件下保证机组能带全负荷正常连续运行
3	燃油系统	分体油箱的容量应满足柴油发电机组工作8h用油。 油箱应配置通向室外的通气管，通气管上设置带阻火器的呼吸阀。油箱应配备漏油监测器、采样阀门、油位计和滤油器等配套装置。油箱底部应设有排油阀，当油箱内的柴油质量不满足要求时，可将废油排出进行处理。 燃油系统应满足在环境温度-15℃时保证机组能正常启动
4	调速器	柴油发动机采用电子式调速器。调速器应能保证柴油发动机在规定的条件下持续、可靠地运行。负荷在0%～100%范围内变化的条件下，调速器应保证频率波动不超过±1.5%
5	进风、排风及排气系统	进风系统具有单芯滤芯空气滤清器，空气滤清器的结构型式及安装位置应便于更换，滤清器的报废更换周期不小于500h。 柴油发电机组应设有大小尺寸合适的排气管，将废气排至电站所设排烟道，同时应配带电动调节的进风和排风百叶风阀。 在排气管外应包有隔热层，隔热层的表面温度不超过标准规定。在排气管与柴油发电机的连接处设有减震及膨胀排烟接喉，以减少柴油发电机组的振动对排气管的影响，降低噪声水平。排气管装有工业重型排烟消音器、带冷凝物质排泄口及螺塞。排气出口端应有防进水装置和防鸟措施。 柴油发电机组应满足国家标准规定的低排放、低噪声的环保要求
6	起动系统	蓄电池组应有足够的容量使机组达到启动速度，满足在不充电的情况下连续完成6个启动循环。为确保机组的可靠启动，机组应设两组蓄电池，每组蓄电池的容量能够满足在不充电的情况下连续完成3个启动循环。两组蓄电池可同时投入，并均能保证处于充电完好状态，当其中一组蓄电池故障时，可手动或自动将其切除，利用另一组蓄电池启动机组

续表

序号	结构名称	技术要求
二		发电机
1	型式	三相、同步、水平轴、无刷式结构
2	定子	双层电枢条绕组
3	转子	能动态地平衡其运行极限，保证其在超过25%额定转速的情况下安全运行
4	容量	发电机可以连续运行。带额定功率的情况下连续运行12h，包括带备用功率（超过额定功率10%）的情况下连续运行1h。发电机具有短时过载能力，在3倍额定电流情况下运行10s，在1.5倍额定电流情况下运行30s
5	励磁系统	无刷励磁（带自动稳压装置）
6	自动电压调整器	在柴油发电机组稳定运行、负荷为0%～100%的条件下，自动电压调整器应能保证输出电压波动小于额定电压的±1%。在额定负荷、额定电压、额定功率因数下，自动电压调整器应能根据要求输出95%～105%的电压。电压调整精度为±2.5%。自动电压调整器不依赖任何外部电源
7	机械强度	应能承受125%额定转速而不发生任何电气或机械损坏
8	绝缘等级	H级
9	外壳防护等级	IP23
三		控制柜
1	元器件	选用进口或合资品牌
2	柜体	由镀锌钢板或覆铝锌板制成，钢板厚度不小于2.5mm。控制柜带有铰链式面板门，便于开启，柜内带截面不小于50mm²接地铜排。面板门设密封垫。控制柜的防护等级不低于IP42
四		负载柜
1	电阻丝	与柴油发电机容量相适应，宜选用进口品牌
2	柜体	由镀锌钢板或覆铝锌板制成，钢板厚度不小于2.5mm。控制柜带有铰链式面板门，便于开启，柜内带截面不小于50mm²接地铜排。面板门设密封垫。柜体的防护等级不低于IP42，控制部分防护等级不低于IP54

续表

序号	结构名称	技术要求
五		其他
1	防震措施	机组采用底架式固定安装方式。柴油发动机和发电机应安装在同一底座上，柴油发电机组系一体化结构。底座材料应采用高强度钢材制作，柴油发动机和发电机底部与底座之间应设置防振装置。柴油发电机组基础应采取防震措施，柴油发电机组运行时振动的单振幅值应不大于 0.3mm
2	噪声水平	柴油发电机组运行时噪声不大于 105dB（距离机组 1m 处）
3	可靠性和维修性指标	额定持续负载下不检修运行时间：≥8000h 第一次大修时间：≥8000h 平均故障间隔时间：≥1000h 平均修复时间：≤3h 大修周期：≥18000h 使用年限：≥40 年

9.5.5 自动化性能

柴油发电机的自动化性能如表 9-11 所示。

表 9-11　　柴油发电机自动化性能表

序号	名称	技术要求
一		启动要求
1	常温启动	柴油发电机组在常温（柴油发电机组不低于 5℃，增压柴油发电机组不低于 10℃）下经 3 次启动应能成功，对于有自启动要求的发电机组，应保证自启动成功率不低于 99%
2	低温启动	柴油发电机组有低温启动装置，保证其能在环境温度不低于 -40℃（或 -25℃）的条件下 30min（包括低温启动装置本身的启动时间）内启动成功，并应有在启动成功后 3min 内带规定负载的能力
3	启动时间	10s 完成启动，在启动成功后 15s 内带全负载（柴油发电机额定容量的 100%）正常运转
4	首次加载量	不小于 80% 额定负载
二		自动停机
1	正常停机	切断主电路后空载运行 5min，切断油路
2	紧急停机	立即切断主电路，切断油路和气路

第 10 章　机械钥匙闭锁系统

10.1　设计原则

（1）机械钥匙闭锁系统应满足电站运行、检修、维护的操作流程及闭锁逻辑；

（2）钥匙闭锁系统的安装不应破坏和降低相应设备、结构或装置的原有性能；

（3）机械钥匙闭锁系统应操作简单、维护方便、具有极高的使用寿命。

10.2　设计标准、规程规范

钥匙闭锁系统的设计和配置应满足以下规程规范和技术文件要求：

GB 1985　　　　高压交流隔离开关和接地开关

GB/T 3906　　　3.6kV～40.5kV 交流金属封闭开关设备和控制设备

GB/T 11022　　 高压开关设备和控制设备标准的共用技术要求

GB/T 25081　　 高压带电显示装置（VPIS）

DL/T 404　　　 3.6kV～40.5kV 交流金属封闭开关设备和控制设备

DL/T 538　　　 高压带电显示装置

DL/T 687　　　 微机型防止电气误操作系统通用技术条件

10.3　设置部位

（1）机组部分。

发电机出口断路器、换相隔离开关、起动隔离开关、主回路接地开关、电制动开关，发电机电压回路 TV 柜门、发电机电压回路 TV/避雷器柜门，励磁变压器柜门、励磁灭磁装置、中性点隔离开关及柜门，风罩进入门等。

（2）GIS 部分。

GIS 断路器、隔离开关、接地开关等。

（3）厂用电部分。

厂用分支隔离开关、厂用分支接地开关、限流电抗器防护网门、厂用分支回路断路器、厂用分支回路开关柜柜门、高压厂用变压器前后柜门、10kV 断路器、12kV 开关柜柜门、母线接地手车、低压厂用变压器柜门、400V 进线及联络开关。

（4）起动回路部分。

起动分支隔离开关，起动分支接地开关，起动母线隔离开关，起动母线接地开关，限流电抗器防护网门，起动分支回路断路器，起动分支回路开关柜柜门，SFC 输入、输出变压器前、后柜门，SFC 装置柜门等。

（5）备用钥匙。

为方便机械锁在不同设备厂家的安装、调试，以及现场的分段调式，除钥匙交换盒外，每个设备上的锁具都配备钥匙，正式运行后，多余钥匙可作为备用钥匙。

（6）万能钥匙。

每套发电电动机及其附属设备和发电电动机电压回路设备提供 2 把万能钥匙；地下 500kV 系统、厂用电系统等各提供 2 把万能钥匙；地面建筑物各电气系统提供 2 把万能钥匙。

各方应提出备用钥匙或万能钥匙的特殊管理要求。

10.4 技术要求

（1）机械锁应保证不影响断路器、隔离开关、接地开关和开关柜的机械强度和电气性能。进行程序操作时，机械锁应开启灵活、可靠，钥匙插、拔自如，无卡涩现象。进行非程序操作时，开关柜不能操作，处于锁定状态。

（2）机械锁选用成熟可靠的产品，材质应为具有防腐、防锈、耐磨性能的不锈钢或黄铜，锁体应能保证不低于 1000000 次操作而不损坏。

（3）机械锁应能耐高温，且应达到防尘、防化学腐蚀、防干扰、防异物开启、防水、耐老化及不卡涩的要求。栓状锁具解锁状态时栓体有自保持功能，锁栓不应因重力或震动等原因自行滑出。

（4）机械锁锁芯和钥匙的编码直观，具有高度的唯一性和易识别性，易于人员识别和操作。同一个锁孔不允许不同编码的其他钥匙插入，以杜绝所有可能的误操作。

（5）优先采用锁体一体成型结构的机械锁，以防长时间使用后，零件的拼装接缝处累积灰尘。

（6）供货方应具有抽水蓄能电站全厂机械钥匙闭锁系统的设计能力，有同类项目的相关业绩及证明文件。

（7）招标阶段，供货方应根据电气主接线图、高压厂用电接线图，充分考虑电站全厂设备的闭锁逻辑，以满足电站安全可靠运行要求，并提交完整的联锁方案供买方审核确认。实施阶段，供货方应提交最终的机械钥匙闭锁系统的操作使用说明手册。

第 11 章 限流电抗器

11.1 设计和选型原则

根据通用设备各分册的内容划分，本章内容仅适用于厂用分支回路限流电抗器。

11.1.1 型式

（1）限流电抗器应采用电抗值线性度较好的干式空心电抗器；

（2）限流电抗器宜选择铝绕组；

（3）限流电抗器宜采用单相结构。

11.1.2 额定电压

限流电抗器的额定电压不应低于所在回路的最高运行电压。

11.1.3 额定电流

限流电抗器额定电流应取厂用分支回路的最大可能工作电流，选择不低于 1.05 倍厂用回路变压器的额定电流，且应选用标准电流等级：200A、400A、600A、800A 等。

11.1.4 额定电抗率

限流电抗器的额定电抗率主要根据以下条件选取：

（1）将短路电流限制到要求值；

（2）正常工作时，电抗器的电压损失不得大于母线额定电压的 5%；

（3）综合考虑限流电抗器的经济性和稳定性，优选额定电抗率。对于额定电流较小的厂用分支回路，在满足电抗器动热稳定性的前提下，宜选择额定电抗率较小的产品。

11.1.5 抗短路能力

虽然限流电抗器额定电抗率 $X_k\% > 3\%$ 时，制造厂已考虑连接于无穷大电源、额定电压下，电抗器端头发生短路时的动稳定性能。但由于短路电流计算是以平均电压（一般比额定电压高 5%）为准，因此在一般情况下仍应进行动稳定校验。

11.2 设计标准、规程规范

GB/T 1094.4　电力变压器　第 4 部分：电力变压器和电抗器的雷电冲击和操作冲击试验导则

GB/T 1094.6　电力变压器　第 6 部分：电抗器

GB 50227　并联电容器装置设计规范

DL/T 1535　10kV～35kV 干式空心限流电抗器使用导则

11.3 技术参数

限流电抗器的技术参数如表 11-1 所示。

表 11-1　　限流电抗器技术参数表

序号	名称	单位	参数	备注
(1)	额定电压	kV	24	
(2)	额定工作电压	kV	15.75、18	
(3)	额定电流	A	400、600、800	
(4)	额定热短路电流（有效值）及持续时间	kA/s	≥160/3	进线端部
(5)	额定机械短路电流（峰值）	kA	≥450	进线端部
(6)	额定频率	Hz	50	
(7)	额定电抗率	%	2、4、5	
(8)	额定电感	mH		根据限流水平计算得出
(9)	额定绝缘水平			
	1min 工频耐受电压（有效值）	kV	65	
	雷电冲击耐受电压（峰值）	kV	125	
(10)	绝缘耐热等级		H 级	
(11)	温升			
	绕组平均温升	K	≤75	

续表

序号	名称	单位	参数	备注
	接线端子板、支座板、绝缘子端帽	K	≤80	
(12)	噪声（测量点在距电抗器外围 2m、绕组高度 1/2 处）	dB	≤60	
(13)	工频磁场水平（110% 额定持续电压下，距电抗器中心轴线水平距离 2.5 倍电抗器直径、地面高度 1.5m 处）	μT	≤500	
(14)	污秽等级		不低于 d 级	
(15)	预期寿命	年	不低于 30	

11.4 结构性能

限流电抗器的结构性能如表 11-2 所示。

表 11-2　　限流电抗器结构性能表

序号	设备名称	结构型式
1	限流电抗器一般要求	1. 户内、单相、干式、空心、铝线、空气自然循环冷却； 2. 限流电抗器一端采用离相封闭母线接至主回路，另一端采用电缆接至厂用分支断路器柜； 3. 限流电抗器容量和阻抗应满足短路电流限定值的要求； 4. 限流电抗器优先采用三相水平布置方式，相间磁耦合因数小于 5%； 5. 限流电抗器应整体到货，不允许现场装配； 6. 引出线及接线螺栓应采用非磁性材料； 7. 引线部分应设缓冲段，避免应力集中
2	绕组	1. 限流电抗器绕组由小截面绝缘铝导线并联绕制； 2. 绕组应使用连续导线，不允许存在单根导线中间接头； 3. 绕组宜采用无纺布薄膜包或漆包导线，以提高匝间、股间长期耐压水平； 4. 绕组的绕制设计应使冲击波所致的初始电压分布尽可能均匀，以抑制电压振荡及操作过电压，同时各线圈导线的电流分配应均匀
3	围栏	1. 围栏材质应为铝合金或不锈钢，并具有足够的强度和刚度； 2. 围栏应设置机械钥匙闭锁系统； 3. 围栏的设置应满足运行巡视和限流电抗器运输的要求
4	其他	1. 所有外露的金属部件，除了非磁性金属之外，均应热镀锌； 2. 随设备提供适量的原型油漆供现场安装和以后补漆之用

第12章 照 明 系 统

12.1 设计和选型原则

12.1.1 照明系统设计原则

（1）照明性质。

蓄能电站的照明分为正常照明和应急照明，应急照明按功能又分为备用照明、安全照明和疏散照明。

（2）照明范围。

蓄能电站的照明分为地下厂房照明和地面照明。地下厂房照明是指主厂房、副厂房、主变压器洞、尾闸洞、排水廊道、交通洞、出线洞及出线竖井、通风洞等区域的照明。地面照明是指地面开关站、排风机房、上/下水库启闭机室、上/下水库环库公路等区域的照明。

（3）照明系统电源。

1）正常照明电源。

地下厂房的工作照明重要性高、负荷容量大、运行时间长，因此采用专用400/230V照明系统，并设两段母线互为备用，两段母线的电源分别通过一台有载调压变压器取自10kV系统不同的母线段。地面区域的工作照明负荷及其他动力负荷较少，电压波动范围不大，采用动力、照明混合供电，照明电源直接就近取自各处低压配电盘。

2）应急照明电源。

a）地下厂房应急照明负荷较多，考虑设置2套互为备用的交直流逆变电源装置，另外根据需要在开关站、上下水库综合值班楼各设置1套交直流逆变电源装置。在厂内交流电源失电时，通过将厂内直流电逆变为交流为应急照明灯供电。在地面排风机房，各区域启闭机室、分散的值班室等有应急照明要求而照明负荷较少的区域，其应急照明灯具选用自带蓄电池的自保持类LED灯。

b）为保证水淹厂房事故发生时有必需的应急照明，需设置一个进线电源引自地面配电系统的照明箱，照明箱馈线直接接至地下厂房主要疏散通道、应急避难洞室设置的应急照明灯具。若照明线路压降损失不大，照明箱可设置在交通洞（或通风洞）洞口；若照明线路压降损失较大，应将照明箱设置在地下厂房，并考虑照明箱的安装及密闭防水措施。照明箱安装位置需结合工程实际确定布置方案。

（4）照明系统接地。

照明系统接地形式采用TN-S系统，由照明盘至各照明配电箱采用五芯电缆，由照明箱至照明灯具采用三根或五根照明电线。考虑到照明系统基本为单相负荷，电缆中性线可能存在很大的不平衡电流，且布置分散，因此采用N线与相线等截面的五芯电缆。照明电线的相线、N线、PE线均采用相同的截面。

（5）智能照明系统要求。

配置照明系统设备智能管控平台，根据区域、时间、运维模式、光照强度等条件设置相应照明控制模式，实现照明系统智能控制和集中管理；通过监测包括但不限于电压、电流等信息，并对采集的信息进行综合分析、智能诊断、故障定位；实现与上一级数据中心信息的交互，实现不同系统间的联动。

12.1.2 照明设备选型原则

（1）照明光源的选型。

在蓄能电站中常用的照明光源有荧光灯、金属卤化物灯和LED灯等。同一照明场所，采用发光效率越高的光源，照明功率密度值越小，越节能。LED光源是新型光源，发光效率高，比其他种类光源节能，在蓄能电站照明设计中优先选用LED光源。

根据被视对象的要求、使用场所的特点选择合适的照明光源，蓄能电站主要照明场所的光源可参考表12-1进行选择。

表12-1　　　　　光 源 选 择

序号	照明部位	光源	备注
1	发电机层	LED灯、金属卤化物灯	采用深照型灯具
2	水轮机层、母线层、蜗壳层、尾水管层	LED灯、金属卤化物灯、紧凑型荧光灯	层高大于5m时，可采用金属卤化物灯；层高低于5m时，可采用紧凑型荧光灯和LED灯

续表

序号	照明部位	光源	备注
3	中央控制室	LED 灯、三基色荧光灯（T5）	
4	计算机室、继电保护盘室、通信设备室、消防控制室	LED 灯、三基色荧光灯、紧凑型荧光灯	
5	中低压开关柜室	LED 灯、三基色荧光灯	
6	蓄电池室、空调通风机房、油处理室、空压机室、技术供水室	LED 灯、紧凑型荧光灯、金属卤化物灯	层高大于 5m 时，可采用金属卤化物灯
7	电缆夹层、电缆廊道、电抗器室	LED 灯、紧凑型荧光灯、金属卤化物灯	
8	主变压器室、GIS 室	LED 灯、金属卤化物灯	
9	消防、深井、排水泵房、尾水管层	LED 灯、紧凑型荧光灯	
10	楼梯间	LED 灯、节能灯	
11	主变压器运输洞、交通洞	LED 或金属卤化物隧道灯	
12	出线平洞、出线竖井	LED 灯、荧光灯、金属卤化物灯	
13	上/下库环库路	LED 灯、金属卤化物灯	

（2）照明灯具的选型。

1）灯具的选择。

在蓄能电站中常用的照明灯具有工厂灯、支架灯、嵌入式格栅灯、筒灯、吸顶灯、壁装灯、疏散照明指示灯、路灯、泛光灯、隧道灯等。根据灯具的安装场所、使用场所的特点以及考虑存在水淹厂房的情况选择合适的照明灯具，蓄能电站主要照明场所选用的照明灯具可参考表 12-2 进行选择。

表 12-2　　　　　灯　具　选　择

序号	照明部位	灯具型式 正常照明	应急照明 备用照明	应急照明 安全照明	应急照明 疏散照明	备注
1	发电机层	工厂灯	壁装灯	壁装灯	疏散照明指示灯	备用照明和安全照明灯具防护等级不低于 IP66，疏散照明灯具防护等级不低于 IP68

续表

序号	照明部位	灯具型式 正常照明	应急照明 备用照明	应急照明 安全照明	应急照明 疏散照明	备注
2	水轮机层、母线层	支架灯、工厂灯	支架灯、工厂灯	支架灯、工厂灯	疏散照明指示灯	备用照明和安全照明灯具防护等级不低于 IP66，疏散照明灯具防护等级不低于 IP68
3	蜗壳层、尾水管层	支架灯、工厂灯			疏散照明指示灯	工作照明灯具防护等级不低于 IP66，疏散照明灯具防护等级不低于 IP68
4	中央控制室	嵌入式格栅灯或板灯	嵌入式格栅灯或板灯	嵌入式格栅灯或板灯	疏散照明指示灯	疏散照明灯具防护等级不低于 IP68
5	计算机室、继电保护盘室、通信设备室、消防控制室	支架灯、板灯	支架灯、板灯	支架灯、板灯	疏散照明指示灯	备用照明和安全照明灯具防护等级不低于 IP66，疏散照明灯具防护等级不低于 IP68
6	中低压开关柜室	支架灯、板灯	支架灯、板灯	支架灯、板灯	疏散照明指示灯	备用照明和安全照明照明灯具防护等级不低于 IP66，疏散照明灯具防护等级不低于 IP68
7	蓄电池室、油处理室、油罐室、柴油机房	防爆支架灯	防爆支架灯	防爆支架灯	防爆疏散照明指示灯	疏散照明灯具防护等级不低于 IP68
8	空调通风机房、空压机室、技术供水室	工厂灯、支架灯、壁装灯			疏散照明指示灯	疏散照明灯具防护等级不低于 IP68
9	电缆室、电缆夹层、电抗器室	支架灯			疏散照明指示灯	疏散照明灯具防护等级不低于 IP68
10	电缆隧道及廊道	工厂灯、支架灯			疏散照明指示灯	疏散照明灯具防护等级不低于 IP68

续表

序号	照明部位	灯具型式				备注
^	^	正常照明	应急照明			^
^	^	^	备用照明	安全照明	疏散照明	^
11	排水廊道	吸顶灯、支架灯				工作照明灯具防护等级不低于IP66
12	主变压器室	泛光灯、支架灯	泛光灯、支架灯	泛光灯、支架灯	疏散照明指示灯	工作照明、备用照明和安全照明灯具防护等级不低于IP66，疏散照明灯具防护等级不低于IP68
13	GIS室	工厂灯	工厂灯、支架灯	工厂灯、支架灯	疏散照明指示灯	备用照明和安全照明灯具防护等级不低于IP66，疏散照明灯具防护等级不低于IP68
14	深井水泵房、排水泵房	吸顶灯、支架灯			疏散照明指示灯	工作照明灯具防护等级不低于IP66，疏散照明灯具防护等级不低于IP68
15	消防水泵房	吸顶灯、支架灯	吸顶灯、支架灯	吸顶灯、支架灯	疏散照明指示灯	工作照明灯具防护等级不低于IP66，备用照明、安全照明和疏散照明灯具防护等级不低于IP68
16	楼梯间	吸顶灯			疏散照明指示灯	工作照明防护等级不低于IP66，疏散照明灯具防护等级不低于IP68
17	主变压器运输洞、交通洞、通风洞	隧道灯	隧道灯	隧道灯	疏散照明指示灯	工作照明、备用照明和安全照明灯具防护等级不低于IP66，疏散照明灯具防护等级不低于IP68
18	出线平洞、出线竖井	工厂灯、吸顶灯、壁装灯、支架灯			疏散照明指示灯	工作照明灯具防护等级不低于IP66，疏散照明灯具防护等级不低于IP68
19	上/下库环库路	路灯				灯具密封条件好，防护等级不低于IP66

注 与IP等级相对应的灯具及控制开关应具备相应的防水、防尘功能，并考虑照明电线电缆的接头的长时间密封措施以及灯具的长时间防水措施，具体结合工程实际确定实施方案。

2）LED灯具散热问题。

LED的光转换效率不高，只有15%～20%的电能转为光输出，其余均转换成为热能。灯具散热问题是限制LED灯功率的主因。要降低LED热阻，支架、基板和填充材料等封装材料必须导热性能良好、结构设计合理，各材料间的导热性能连续匹配，材料间的导热连接良好，避免在导热通道中产生散热瓶颈，确保热量从内到外层层散发。

芯片到基板的连接材料选择导热性较好的锡膏；从性价比考虑，基板一般选用铜或铝质地；基板外部冷却装置选用由铝合金板料经冲压工艺和表面处理有电泳涂漆或氧化处理的散热器；在基板和外散热器的填充物选用导热的硅树脂。散热器可以设计成多种阵列形状，扩大有效的散热面积。

因此，采用LED灯需选择热阻低的封装材料和散热效果好的散热器。

（3）照明配电箱的选型。

照明配电箱的材质有全金属外壳及面板，全金属外壳、配塑料面板，热塑性塑料外壳及面板等。安装方式分明装（挂墙式）和暗装（嵌墙式）。

不同材质的照明配电箱具有表12-3中所示的特点。

表12-3　　　　　　　照 明 配 电 箱

序号	照明箱材质	特点
1	全金属外壳及面板	防护等级IP40，单相位数：8/10/12/16/20/24/36，钢板表面经过静电喷涂技术处理，有明装和暗装
2	全金属外壳、配塑料面板	防护等级IP40，单相位数：8/10/12/16/20/24/36，钢板表面经过静电喷涂技术处理，塑料面盖是绝缘、环保型耐燃自熄式材料，有明装和暗装
3	全热塑性塑料外壳及面板	防护等级IP40、IP54、IP65，单相位数：12～54，外壳及面板具有阻燃、自熄特性，只能明装

室内照明配电箱根据需要可以选择明装或暗装，三种材质均可选择。室外照明配电箱，常年暴露空气中，适合选用防护等级高的照明箱，如IP65。

12.2 设计标准、规程规范

抽水蓄能电站照明系统的设计应遵守如下设计标准、规程规范，所用标准为最新版本标准。当各标准不一致时，应按较高标准的条款执行。

GB/T 2099.1	家用和类似用途插头插座 第1部分：通用要求		GB 16915.1	家用和类似用途固定式电气装置的开关 第1部分：通用要求
GB/T 2099.2	家用和类似用途插头插座 第2部分：器具插座的特殊要求		GB 17625.1	电磁兼容 限值 谐波电流发射限值（设备每相输入电流≤16A）
GB/T 5013	额定电压450/750V及以下橡皮绝缘电缆		GB/T 17743	电气照明和类似设备的无线电骚扰特性的限值和测量方法
GB/T 5023	额定电压450/750V及以下氯乙烯绝缘电缆		GB/T 17885	家用及类似用途机电式接触器
GB/T 6829	剩余电流动作保护电器（RCD）的一般要求		GB 17945	消防应急照明和疏散指示系统
GB 7000.1	灯具 第1部分：一般要求与试验		GB 19043	普通照明用双端荧光灯能效限定值及能效等级
GB 7000.2	灯具 第2-22部分：特殊要求 应急照明灯具		GB 19044	普通照明用自镇流荧光灯能效限定值及能效等级
GB 7000.7	投光灯具安全要求		GB 19415	单端荧光灯能效限定值及节能评价值
GB 7000.201	灯具 第2-1部分：特殊要求 固定式通用灯具		GB 19510.9	灯的控制装置 第9部分：荧光灯用镇流器的特殊要求
GB 7000.202	灯具 第2-2部分：特殊要求 嵌入式灯具		GB 19573	高压钠灯能效限定值及能效等级
GB 7000.203	灯具 第2-3部分：特殊要求 道路与街路照明灯具		GB 19574	高压钠灯用镇流器能效限定值及节能评价值
GB 7000.204	灯具 第2-4部分：特殊要求 可移式通用灯具		GB 20053	金属卤化物灯用镇流器能效限定值及能效等级
GB 7000.208	灯具 第2-8部分：特殊要求 手提灯		GB 20054	金属卤化物灯能效限定值及能效等级
GB 7000.213	灯具 第2-13部分：特殊要求 地面嵌入式灯具		QB 1417	防爆灯具安全要求
GB 7000.219	灯具 第2-19部分：特殊要求 通风式灯具			
GB 7251.1	《低压成套开关设备和控制设备 第1部分：总则			
GB 7251.3	低压成套开关设备和控制设备 第3部分：由一般人员操作的配电板（DBO）			
GB/T 10963.1	电气附件—家用及类似场所用过电流保护断路器 第1部分：用于交流的断路器			
GB/T 13955	剩余电流动作保护装置安装和运行			
GB/T 14044	管形荧光灯用镇流器性能要求			
GB/T 14048.1	低压开关设备和控制设备 第1部分：总则			
GB/T 14048.2	低压开关设备和控制设备 第2部分：断路器			
GB/T 14048.3	低压开关设备和控制设备 第3部分：开关、隔离器、隔离开关及熔断器组合电器			
GB/T 14048.4	低压开关设备和控制设备 第4-1部分：接触器和电动机起动器机电式接触器和电动机起动器（含电动机保护器）			
GB/T 14048.5	低压开关设备和控制设备 第5-1部分：控制电路电器和开关元件机电式控制电路电器			
GB/T 15144	管形荧光灯用交流电子镇流器 性能要求			

12.3 技术参数

照明系统的技术参数如表12-4所示。

表12-4　　　　　　　　　　　技　术　参　数

序号	设备名称	性能参数
1	照明配电箱	1. 全金属外壳及面板照明箱和全金属外壳、配塑料面板照明箱，防护等级：IP40； 2. 热塑性塑料照明箱防护等级：IP40/IP54/IP65
2	EPS	1. 输入、输出相数：三相四线+PE线； 2. 应急供电时间不小于90min； 3. 转换时间小于0.2s； 4. 使用寿命主机大于25年，整套设备不低于20年； 5. 正常交流输入时，静音无噪声，应急供电时距柜体边缘小于55dB； 6. 输入、输出回路应具有过电流、短路、欠压、过电压保护； 7. 母线为优质电解铜材，其额定电流100A； 8. 空气断路额定短路开断电流不小于25kA； 9. 交流输入和输出回路各为一回三相回路

续表

序号	设备名称	性能参数
3	开关	1. 绝缘电阻不小于 5MΩ； 2. 介电强度 2000V，min 不得出现间隙或击穿； 3. 温升不大于 45K； 4. 通断能力：在 1.1 倍额定电压、1.25 倍额定电流、cosø＝0.3 情况下，不小于 200 次；在正常操作额定电压、额定电流、cosø＝0.8 情况下，不小于 40000 次； 5. 爬电距离不小于 3mm，电气间隙不小于 1.2mm
4	插座	1. 绝缘电阻不小于 5MΩ； 2. 介电强度 2000V，一分钟不得出现间隙或击穿； 3. 温升不大于 45K； 4. 分断能力：在 1.1 倍额定电压、1.25 倍额定电流、cosø＝0.3 情况下，不小于 50 次；在正常操作额定电压、额定电流、cosø＝0.8 情况下，不小于 5000 次； 5. 爬电距离不小于 3mm，电气间隙不小于 1.2mm

12.4 结构形式

（1）灯具的结构形式。

灯具的结构形式如表 12-5 所示。

表 12-5　　　　　灯 具 结 构 形 式

序号	设备名称	结构形式
1	荧光灯	1. 铸铝材质壳体； 2. 配电子式镇流器及补偿电容，功率因数大于 0.9； 3. 平均寿命不小于 5000h
2	金卤工矿灯	1. 铸铝电器盒，表面静电喷塑处理； 2. 灯罩与电器盒上的联接圈采用螺纹式连接，便于安装； 3. 灯具、电器一体化的结构，便于检修和维护； 4. 带镇流器、触发器及补偿电容，功率因数大于 0.9
3	防爆荧光灯	1. 塑料外壳应有较好的阻燃性，能经受 960℃灼热丝试验，且具有抗静电性能； 2. 灯具内需设置联锁断电开关，以确保安装和打开外壳维护时处于断电状态； 3. 光源选用单脚瞬时启动荧光灯，不需启辉器； 4. 采用瞬时启动防爆专用镇流镇器； 5. 灯具维修和换光源方便，用专用钥匙操作锁扣装置，就可开透明罩进行操作； 6. 灯具两端均设有电缆进出线装置，可一端进线、一端出线

续表

序号	设备名称	结构形式
4	吸顶灯	1. 采用冷扎钢板拉伸成型底板，表面静电喷塑处理； 2. 采用不易碎透光罩，不变形、不退色，光线柔和均匀； 3. 采用拨转式灯罩卡件，维护简单快捷； 4. 底版与安装面之间设有密封圈
5	投光灯	1. 高压压铸铝成型外壳，外部静电喷塑处理； 2. 密封性能好，无需内部清洗，降低维护费； 3. 热镀锌支架，不锈钢搭扣； 4. 紧固件螺丝，不锈钢安装螺丝； 5. 高纯铝制反射器
6	隧道灯	1. 铝型材灯体，表面氧化处理； 2. 高纯铝反射器和钢化玻璃面板； 3. 硅橡胶密封条，防护等级 IP66； 4. 翻盖式面板，搭扣紧固，安装维修方便； 5. 功率因数补偿至 0.9，配镇流器、电容器、触发器； 6. 配悬挂式安装附件
7	路灯	1. 基本结构：由灯具、挑臂、灯杆组成，采用能承受规定的机械应力、电动应力及热应力的材料，此材料和电器元件应采用防潮、无自爆、耐火或阻燃产品； 2. 灯体主要结构部件采用高压压铸铝组成，应具有抗冲击、耐腐蚀的优点； 3. 接地连续性：灯具、挑臂、灯杆的非带电金属形成整体，通过外壳上的接地螺栓与接地线连接； 4. 灯杆材料采用优质钢板，增强杆体强度与性能，灯杆内外热镀锌，外表面喷塑； 5. 灯杆焊缝应平整无漏焊及焊接缺陷，法兰内外圈焊，其焊缝质量应达到国家标准；主杆纵焊缝质量符合 DL/T 646—2012 的规定； 6. 功率因数大于 0.95；防护等级不小于 IP66
8	疏散指示灯	1. 选用 LED 光源，寿命不小于 50000h； 2. 铝合金压铸壳体，表面高压静电喷塑处理，外壳防护等级 IP68； 3. 逆变器设有过充、过放电保护功能，带有试验按钮和充电、等待故障状态的指示灯； 4. 配有铬镍电池，循环充电次数不小于 10000 次； 5. 应急时间不小于 90min； 6. 采用耐压、耐高温阻燃导线和接线端子

注　① LED 灯具配有有效的散热结构和稳定的直流驱动。
　　② 为保证水淹厂房事故发生时有必需的应急照明，发电机层及以下、排水廊道等区域应急照明灯具的防护等级均应不低于 IP66。主要疏散通道、应急避难洞室等处设置的应急照明灯具的防护等级均应不低于 IP68。

（2）其他设备的结构形式。

其他照明设备的结构形式如表 12-6 所示。

表 12-6　　　　　　　　　　　　　　　　　　　其他照明设备结构形式

序号	设备名称	结构形式
1	照明配电箱	1. 材质：全金属外壳及面板、全金属外壳配塑料面板、全热塑性塑料外壳及面板，面板有透明门和不透明门； 2. 暗装采用 1.0mm 钢板制造，明装采用 1.2mm 钢板制造，钢板表面经过静电喷涂技术处理；塑料面盖是绝缘、环保型耐燃自熄式材料；热塑性塑料有阻燃、自熄特性； 3. 暗装系列顶部、底部和顶背设敲落孔；明装系列底部和顶背设敲落孔
2	EPS	1. 装置柜内母线的绝缘套选用绝缘性能优良的材料，绝缘材料和支持件应具有防潮性能； 2. 装置柜的柜体面板采用覆铝锌钢板，基本结构是由厚度不小于 2.0mm 经镀锌钝化处理的钢板制成，其他金属隔板是由厚度不小于 1.5mm 经镀锌处理的钢板制成，装置柜采用螺栓连接，无任何焊点。 3. EPS 中充电回路和逆变回路做成模块化，充电模块和逆变模块可带电插拔
3	一体化照明母线	1. 主要部件有直线段、馈线单元及端封、柔性弯头、支接单元、卡具、固定装置。 2. 镀锌钢板外壳，绝缘材料符合耐高温和阻燃相关国际标准 IEC 60695-2-1 和 IEC 60332—3；与导体接触的部分可耐受 850℃，其他材料可耐受 650℃。 3. 载流导体是锡镀铜导体。 4. 防护等级是 IP54。 5. 直线段上的插口间距 0.5m 或 1m 或 1.5m，每段有 2 个或 3 个插口。 6. 两直身段、直线段与馈电单元、端封均可简单对插安装。 7. 有可靠的电气和机械连接装置